료칸에서의 하루

일본 최고의
료칸에서 즐기는
특별한 경험

료칸에서의 하루

롭 고스 · 세키 아키히코 지음
김은지 옮김

시그마북스
Sigma Books

료칸에서의 하루

발행일 2018년 11월 1일 초판 1쇄 발행
2023년 3월 15일 초판 2쇄 발행

지은이 롭 고스, 세키 아키히코

옮긴이 김은지

발행인 강학경

발행처 시그마북스

마케팅 정제용

에디터 최연정, 최윤정

디자인 강경희, 김문배

등록번호 제10-965호

주소 서울특별시 영등포구 양평로 22길 21 선유도코오롱디지털타워 A402호

전자우편 sigmabooks@spress.co.kr

홈페이지 http://www.sigmabooks.co.kr

전화 (02) 2062-5288~9

팩시밀리 (02) 323-4197

ISBN 979-11-89199-51-7 (13980)

* 시그마북스는 (주) 시그마프레스의 단행본 브랜드입니다.

차례

도쿄 주변

교토 · 나라

일본 중부

일본 서부 · 남부

홋카이도 · 일본 북부

료칸 지도

훗카이도
히나노자 38
긴린소
오타루
35
삿포로
구라무레 36
자보린 37
아오모리
츠루노유 40
사료 소엔
39
센다이
니가타
혼슈
류곤 24
벳테이 센쥬안 23
11 혼케 반큐
10 카이 닛코
호시노야 가루이자와 25
호시 26
아라야 토토안 27
가요테이 28
29 와노사토
도쿄
도키와 호텔 9
슈호카쿠 코게츠 4
고라카단
1
요코하마
키카소 3
2 카이 하코네
6 카이 아타미
야규노쇼 7
5 아사바
이즈반도
8 세이류소
니시무라야 혼칸
30
나고야
시다 산소, 아오이 가모가와테이, 기온 하타나카, 히이라기야, 긴마타,
기온긴표, 세이코로, 호시노야 교토
스이센 20
12-19
교토
도센 고쇼보 31
나라 22 와카사 벳테이
고베
21 시키테이
오사카
히로시마
세키테이 32
시코쿠
33
산소 무라타
노모리

료칸을 경험하다

일본 여행사에 마련된 료칸 관광 책자를 보면 전통 료칸이 얼마나 다양한지 알 수 있다. 음식을 전문적으로 다루는 료칸이 있는 반면 오래된 전통과 역사를 내세우는 료칸도 있다. 대개 이런 요소들이 한데 어우러져 료칸만의 특별한 매력을 더욱 빛낸다. 호시노야 교토처럼 말이다. 현대식 료칸인 이곳에서는 미슐랭 별을 받은 최고급 요리와 유럽식 및 일본식 건축 양식이 조화를 이루는 색다른 디자인 감각을 만끽할 수 있다. 료칸의 역사 그 자체인 교토의 히이라기야는 완벽한 접객과 최고급 전통 요리 가이세키로 유명하다.

여러 훌륭한 료칸의 공통점은 단연 세계 최고 수준의 요리다. 료칸마다 선보이는 제철 요리와 지역 농산물, 차림새는 다르지만, 대개 7~8개에서 많게는 12개의 코스로 이루어진 가이세키가 연달아 나온 다음 메인 요리가 상에 오른다. 처음에는 입맛을 돋우기 위해 한입에 먹는 작은 양의 전채 요리가 나오는데, 이를 사키즈케라고 부른다. 두 번째로 나오는 요리는 핫슨이라고 부르며, 제철 재료와 잘 어우러진 여러 가지 생선 요리가 작은 그릇에 담겨 나온다.

호시노야 가루이자와(210~215쪽)에서 맛볼 수 있는 우아한 전채 요리. 여러 코스의 요리가 나오는 가이세키는 료칸 체험의 중요한 일부이며, 많은 료칸이 미슐랭 별을 받은 레스토랑보다 훨씬 더 고급스럽고 맛있는 식사를 제공한다는 자부심을 갖고 있다. 물론 고급 요리가 나오는 만큼 비싸지만, 료칸 가격의 절반은 요리 값이라는 점을 기억하자.

요시다 산소(116~123쪽)의 오카미, 즉 여주인과 그녀의 딸. 오래된 경력을 자랑하는 오카미가 제공하는 맞춤형 서비스와 환대는 료칸 체험의 중요한 요소 중 하나다. 말 그대로 어머니처럼 손님을 돌보며 화려한 음식을 방 안에서 즐길 수 있도록 준비하기도 한다.

그 다음으로 무코즈케가 나오는데, 회 서너 종류와 함께 도미 몇 조각 그리고 입맛이 절로 도는 작은 새우 또는 가리비를 곁들이는 것이 일반적이다. 계절과 지역에 따라 재료가 달라지는데, 생선회로 먹는 경우가 많으므로 고추냉이를 푼 간장에 살짝 찍어서 먹는다. 이어지는 코스는 조림 요리인 다키아와세인데, 채소 또는 두부와 고기 또는 해산물을 섞은 형태다. 다음 순서는 가벼운 수프 요리인 후타모노다. 이후에는 대개 해산물 구이 요리인 야키모노가 나오고, 다음으로 식초를 넣어 메인 요리를 맛보기 전 미각을 개운하게 하는 스자카나가 나온다(이후에도 여러 코스의 요리가 상에 오르는 경우도 있다). 메인 요리의 경우 지역 해산물을 끓인 탕 요리부터 육즙이 풍부한 쇠고기 또는 최고로 손꼽히는 전복을 철판에 구운 테판에 이르기까지 다양하다.

이제 음식을 충분히 먹었다는 생각이 들 즈음에 마지막 코스인 고항(밥을 뜻하며 대개 채소 또는 해산물이 함께 나온다), 고노모노(채소절임), 토메완(미소국)으로 이루어진 식사가 나온다. 석찬의 마지막을 장식하는 요리는 미즈모노(디저트)로, 간단하게 자른 과일이나 녹차 크렘 브륄레처럼 화려한 메뉴가 상에 오르기도 한다. 식사를 마치고 채 열두 시간도 지나지 않아 다시 조찬을 위해 식탁에 여러 가지 요리가 올라온다.

최고급 료칸에서 '식사 제외' 옵션을 제공하지 않는 이유는 화려한 요리야말로 료칸의 매력을 보여주는 요소이기 때문이다. 료칸은 일본에서 손꼽히는 요리사를 고용한다. 소규모 료칸의 경우 대접하는 손님 또는 단체 손님의 규모가 상대적으로 작다. 그렇기 때문에 잠만 자는 손님을 받게 되면 운영에 어려움을 겪게 된다. 또한 료칸에서는 하룻밤만 묵는 것이 일반적이다. 식사 제외 옵션이 제공되더라도 요리를 건너뛴다면 진정한 료칸 체험이라고 할 수 없다. 료칸 식사는 단언컨대 돈이 아깝지 않은 놀라운 경험이 될 것이다.

온천 역시 반드시 즐겨야 할 료칸의 매력 중 하나다. 이 책을 쓰면서 나는 료칸의 형식과 특색이 저마다 다르며 전형적인 료칸이란 존재하지 않는다는 점을 알게 되었다. 료칸에서는 대개 온천욕을 할 수 있는데, 방 안 욕실에 전용탕이 구비되어 있는 경우도 있고 공중목욕탕이 마련된 곳도 있다. 또한 돌과 자연 경관으로 잘 꾸며진 노천탕과 삼나무나 감귤류 나무의 향긋한 냄새가 나는 실내용 나무 욕탕 등 료칸마다 각양각색의 온천을 볼 수 있다. 료칸은 대개 지열 활동이 활발한 지역에 자리 잡고 있다. 땅 밑 깊은 곳에서 샘솟는 천연 온천수를 목욕물로 사용하는 곳이 많은데, 자연적으로 섭씨 40도를 오가는 뜨거운 물에 몸을 담그고 일본

왼쪽 도센 고쇼보(250~255쪽). 땅에서 올라오는 물을 바로 끌어다 쓰는 이 화산 온천은 이 책에 소개된 최고급 료칸의 또 다른 매력이다.

아래 기후현의 와노사토(234~239쪽)처럼 많은 료칸이 시골풍의 디자인을 적용하거나 낡은 농장 건물을 사용한다.

왼쪽 모든 료칸은 잠자리를 비롯해 손님의 편안함을
우선으로 여긴다. 대개 밤이 되면 부드러운 다다미 바
에 안락한 이불을 깔아주는데, 세이류소(88~93쪽)처럼
양식 침대를 둔 료칸도 있다.

아래 료칸 객실은 휴식을 위한 공간이다. 아사바(62~71쪽)처럼 대개 아름답게 꾸며진 일본식 정원을 내다보며 사색을 즐길 수 있다.

전통의 온천욕을 즐기는 것도 잊지 못할 추억이 될 것이다. 온천수는 미네랄이 풍부할 뿐만 아니라 관절염과 치질 같은 각종 질병의 통증 완화에도 도움이 된다고 알려져 있으므로 몸에도 좋은 건강한 경험이라고 할 수 있다.

료칸의 건축 양식을 살펴보면 주로 일관된 요소들을 찾아볼 수 있다. 하지만 이 책에 소개된 료칸들이 보여주듯 저마다 개성과 독특한 디자인을 자랑한다. 전통 료칸의 객실 바닥은 주로 다다미로 되어 있는데, 밤이 되면 여기에 이불을 깔고 잠을 잔다. 방 한쪽에는 도코노마라고 부르는 바닥을 약간 높여 만든 공간이 있는데, 이곳에 그림이나 서예 작품 등을 걸기도 하고 꽃 등으로 장식하기도 한다. 방 한가운데에는 좌식 테이블이 자리 잡고 있다. 가장 중요한 손님이 도코노마를 등지고 앉는 것이 올바른 예절이다. 방에는 또한 미닫이문이 달려있다. 손님이 도착하면 면으로 만든 유카타를 가지런히 펼쳐 둔다. 료칸에서 머무는 동안 유카타를 입고 있으면 현실을 잠시 잊고 과거로 돌아간 듯한 기분을 느낄 수 있다.

료칸의 역사

일본 료칸을 경험해본 사람이라면 누구나 단순히 일본 전통을 들여다보는 것을 넘어 일본 고유의 방식을 몸과 마음으로 느낄 수 있는 기회라고 말할 것이다. 몇 세대에 걸쳐 내려온 오래된 전통을 옛날 일본인이 했던 방식 그대로 온전히 그리고 서두르지 않고 체험해볼 수 있기 때문이다. 이는 분명 잊지 못할 특별한 경험이다.

촘촘하게 짜인 일본 문화의 일부인 료칸은 오랜 역사를 자랑하는데, 시작은 소박했지만 오늘날 편안한 휴식처로 자리 잡았다. 료칸의 뿌리를 자세히 조사하다 보면 일본 전통 문명의 정치적, 사회적, 종교적 구조가 형성되기 시작한 나라 시대(710~784년)까지 거슬러 올라가게 된다. 여행객을 위한 단순하면서도 자유로운 숙박 시설인 후세야가 처음 등장한 것도 바로 이 시기이다. 불교 승려가 운영했던 곳으로 오가는 이들이 여행의 고단함을 풀 수 있는 장소였다.

헤이안 시대(794~1191년)에는 사회 특권층 사이에서 성지 순례가 유행하면서 후세야의 모습도 변화하기 시작했다. 봉건 영주의 저택과 사찰이 문을 열고 순례자들을 받기 시작한 것이다. 특히 사찰이 제공하는 숙박 시설을 슈쿠보라고 불렀는데, 당시에 얼마나 엄격하게 운영되었는지는 정확하게 알려진 바가 없다. 오늘날 사찰은 순례자와 여행객에게 매우 매력적인 숙소다. 일본 진언종의 총본산이 자리 잡은 고야산 곳곳에는 100여 개의 사원과 사찰이 있는데, 이 중 절반이 료칸과 비슷한 숙박 시설인 슈쿠보를 운영하고 있다. 다다미 바닥이 깔린 방은 딱히 특별한 구석이 없지만 채식 식단인 쇼진 요리가 일품이며 아침 기도와 명상 시간을 통해 사찰 생활을 온몸으로 경험해볼 수 있다.

슈쿠보와 료칸은 비슷한 점이 많아 뚜렷하게 구분하기 어렵다. 예컨대 현재 운영 중인 많은 료칸은 예전에 슈쿠보였다. 사람들이 많이 다니는 사진에 보이는 야규노쇼처럼 이 책에 소개된 대부분의 료칸(교토와 나라의 역사 지구에 있는 료칸은 제외)은 시골의 아름다운 풍경을 배경으로 자리 잡고 있다(80~87쪽).

왼쪽 스이센처럼 객실에서 화려한 10가지 코스 요리를 즐길 수 있을 뿐만 아니라 종종 요리사가 직접 음식을 대접하기도 한다(174~181쪽).

왼쪽 이 현대적인 온천 연못은 고라카단(30~39쪽)에 있는 것으로 화강암 덩어리를 깎아 만들었다.

길목 위주로 사찰에서 운영하는 숙박 시설이 점점 더 많아졌고 도로와 다리, 소규모 마을이 등장하면서 순례자가 아닌 여행객을 위한 숙박 시설이 문을 열었다. 처음에는 기친야도라는 소박한 여인숙 형태였다. 따로 식사를 제공하지 않았지만 비바람으로부터 몸을 피할 수 있었다. 손님들은 객실료가 아니라 요리와 난방을 할 때 쓰는 나무에 대한 사용료를 지불했다. 에도 시대(1603~1868년)에 들어서면서 경제가 발전하고 국내 무역도 증가했다. 따라서 사람들의 이동도 잦아졌고, 그에 따라 하타고라는 여관과 비슷한 숙박 시설이 등장했다. 상인들과 여행객들이 묵던 곳으로 기친야도보다 한 단계 발전해 식사를 제공하고 숙박료를 받는 형태였다.

당시 도쿠가와 쇼군은 지방 영주들을 엄격하게 견제했는데, 하타고의 고급 형태가 등장한 것이 이 무렵이다. 오늘날 료칸으로의 진화에 있어 중요한 과정으로, 그 뿌리를 살펴보면 에도 시대의 정치 흐름을 읽을 수 있다. 쇼군은 지방 영주들을 감시하기 위해 다이묘(봉건 영주)에게 1년씩 출신 지역과 당시 수도였던 에도(오늘날 도쿄)를 번갈아 가며 지내도록 했다. 이로 인해 다이묘들이 자주 다녔던 길목에 혼진이라는 숙박 시설이 생겼고, 영주를 모시는 이들을 위한 비교적 덜 화려한 여관도 등장했다. 이러한 형태의 숙소와 하타고는 또 하나의 과정, 즉 관광 여행의 보편화를 통해 오늘날 여행객들이 자주 찾는 료칸으로 발전할 수 있었다.

여행을 엄격하게 금지했던 군정이 막을 내린 1868년 메이지 유신 이후, 점점 더 많은 사람이 여행과 관광으로 여가를 보내기 시작했다. 먼저 부자들 사이에서 여행이 유행처럼 번졌는데, 제2차 세계대전을 기점으로 점차 사회 전반으로 퍼져나갔다. 그 결과 한자로 '여행 숙박 시설'을 뜻하는 료칸이 일본 곳곳에 생겨났다. 특히 인기 높은 관광지나 천연 온천 주변에 전통적인 평온함과 고요함, 환대, 고급 요리, 그리고 (대개) 온천욕을 모두 즐길 수 있는 휴식 공간이 문을 열었다. 료칸은 편히 쉬면서 몸과 마음을 가꾸는 곳이기도 하지만, 현대 일본인들이 점점 더 바쁘게 돌아가는 일상에서 잠시 숨을 돌릴 수 있는 곳이기도 하다. 또한 전통을 느끼고 받아들이는 동시에 일본인이라는 정체성을 되찾을 수 있는 곳이다.

일본 전통 가옥의 인테리어를 직접 만지고 볼 수 있다는 점은 료칸의 큰 매력 중 하나다. 사진은 요시다 산소의 우아한 객실 전경(116~123쪽)이다.

료칸 에티켓 가이드

오른쪽 긴마타(146~151쪽)의 모습. 료칸 직원이 객실까지 짐을 옮겨준다. 객실 또는 공용 공간의 다다미 바닥과 종이를 바른 미닫이문, 가구 등이 망가지지 않도록 각별히 주의해야 한다. 손님의 부주의로 인해 문제가 발생하면 수리 또는 교체 비용을 내야 할 수도 있다.

아래 아사바(62~71쪽)에서는 오카미가 직접 나와 손님을 맞이한다. 오카미는 손님이 료칸에서 묵는 동안 세세한 부분까지 챙긴다. 입구에서 신발을 벗어야 한다는 것을 잊지 말자(오카미가 신발을 정리해줄 것이다)!

일본에서 지켜야 할 비즈니스 예절과 사회적 매너에 대한 책을 흔히 찾아볼 수 있다. 하지만 여행객의 경우 복잡한 일본 예절에서 어느 정도는 자유롭다. 상식적으로 행동하고 상대방에 대한 예의를 지킨다면 아무런 문제가 없을 것이다. 그러나 료칸에서 묵을 때는 꼭 지켜야 할 몇 가지 규칙이 있다.

신발은 언제 벗어야 할까?

대부분 료칸 실내로 들어가기 전 입구에서 신발을 벗고 보관함 또는 신발장에 넣은 다음 실내화로 갈아 신는다. 료칸 내 공용 공간에서도 실내화를 신는다. 객실에서는 겐칸(입구 공간)에 실내화를 벗어 두고 맨발 또는 양말을 신은 채 다다미 바닥으로 올라간다. 물론 료칸마다 조금씩 차이가 있을 수 있다. 예컨대 공용 공간에서는 신발을 신다가 겐칸에서 실

히이라기야(136~145쪽). 종이로 된 쇼지 미닫이문은 매우 아름답지만 쉽게 망가진다. 열고 닫을 때 특히 조심해야 한다.

내화로 갈아 신어야 하는 료칸도 있다. 따라서 신발을 언제 벗어야 할지 헷갈릴 수 있는데, 기본적으로 다다미 바닥에는 절대로 신발이나 실내화를 신은 채 올라가서는 안 된다. 다른 공간의 경우 들어가기 전 실내화가 따로 마련되어 있는지 살펴보자. 실내화가 놓여있다면 신발을 벗고 실내화로 갈아 신는 것이 좋다.

짐은 어떻게 해야 할까?

료칸 입구에 들어서서 신발을 벗고 있으면 대개 직원이 다가와서 짐을 받아간다. 만약 객실까지 직접 짐을 옮겨야 한다면 되도록 가방을 끌지 말고 들어서 옮기는 것이 좋다. 흙이나 먼지가 실내에 떨어지거나 가방에 달린 바퀴가 바닥을 망가뜨릴 수 있기 때문이다. 방에 들어온 후에는 다다미 바닥 또는 도코노마에 가방을 올리지 않도록 주의한다. 옷장 또는 가방을 두는 공간이 따로 마련되어 있다.

목욕탕은 어떻게 사용해야 할까?

목욕탕에 가기 전에 우선 객실에 준비된 무명 유카타로 갈아입는다(료칸 내에서는 유카타를 입고 돌아다녀도 된다). 목욕탕에 따로 수건을 두지 않는 료칸도 있으므로 방에 있는 수건을 챙기는 것도 잊지 말자. 목욕탕 바로 옆에 있는 탈의실에서 옷을 벗은 후 유카타 등 옷가지를 탈의실에 준비된 소쿠리 또는 보관함에 넣는다. 남녀가 함께 사용하는 혼탕이 아니라면(물론 옷을 모두 벗고 들어가야 하는 혼탕도 많지만) 목욕탕에는 아무것도 가지고 들어갈 수 없다. 즉, 수영복이나 수건 등이 허락되지 않는다.

탕에 들어가기 전 몸을 먼저 씻는 것이 매우 중요하다. 일본인은 외국인이 실수로 저지르는 무례를 대부분 너그럽게 용서한다. 그러나 비누나 먼지가 묻은 몸으로 공동으로 사용하는 탕을 더럽히는 죄만큼은 절대로 용서받을 수 없다. 뜨거운 탕에 몸을 담그기 전에 먼저 낮게 달린 샤워기 옆에 작은 의자를 두고 몸을 깨끗이 씻고 충분히 헹군 다음(의자에 묻은 비누나 거품 역시 말끔히 씻어야 한다) 탕에 들어간다. 물이 첨벙거리지 않도록 천천히 탕에 들어간 다음 긴장을 풀고 온천을 즐겨보자.

팁을 줘야 할까?

기본적으로 팁은 주지 않아도 된다. 택시, 레스토랑, 호텔 등 어디에서 무엇을 하든 팁을 줘야 하는 경우는 거의 없다. 팁을 주면 오히려 망신을 당할 수 있다. 그러나 일부 최고급 료칸에서는 특히 큰 도움을 준 직원에게 감사 인사를 하는 오래된 전통을 고수하기도 한다(요즘에는 대부분 전통을 따르지 않는다). 이 경우 현금(2,000~3,000엔)을 작은 봉투에 넣어 조심스럽게 건넨다. 물론 팁을 주지 않아도 되고 오히려 주지 않는 편이 나을 수 있다. 또한 직원이 정중하게 거절할 수도 있다. 료칸에서의 훌륭한 경험에 대해 감사의 뜻을 전하고 싶다면 체크아웃을 할 때 쿠키 상자 등을 방에 두는 것이 좋다. 하지만 대개의 경우 감사하다는 말과 진심 어린 미소면 충분하다.

시끄러워도 괜찮을까?

속삭이듯 대화를 하거나 살금살금 걸어 다닐 필요는 없다. 그러나 료칸은 평온함과 고요함을 위한 장소라는 점을 잊어서는 안 된다. 특히 공용 공간에서는 너무 시끄럽지 않도록 주의해야 한다. 상식적인 수준 이상의 소음은 내지 않는 것이 좋다. 아이들과 함께 묵는다면 아이들이 마구 뛰어다니지 않도록 신경 쓰자.

긴마타(146~151쪽)에서 제공되는 첫 번째 코스 요리. 료칸에서는 조찬과 석찬을 위해 몇 시간 동안 부엌에서 음식을 조리한다. 따라서 미리 식사와 관련된 사항들을 결정해 료칸 측에 알려야 한다. 정해진 일정에 따라 진행되는 식사를 방해하지 않도록 시간을 엄수해야 한다.

식사는 어떻게 해야 할까?

매일 필요한 양만큼의 재료만 준비하므로, 막판에 식사 메뉴를 변경하면 료칸 측에서 이를 반영하지 못할 수 있다. 특별히 요구해야 할 부분이 있다면 도착하기 전에 미리 료칸에 알리는 것이 바람직하다. 석찬 시간은 대개 정해져 있으며 저녁 6시 반과 7시 사이의 선택권 정도만 주어진다. 그래야 요리사가 시간에 맞춰 복잡하고 정교한 음식들을 요리해 여러 명의 손님상에 한꺼번에 올릴 수 있다. 석찬 시간을 정했다면 이를 지켜야 한다. 료칸 측에서는 신선하지 않은 요리를 제공하기를 꺼리므로 식사 시간을 놓친 손님을 위해 음식을 보관하지 않는다.

도쿄 주변

11 혼케 반큐
10 카이 닛코
도키와 호텔 9
슈호카쿠 코게츠 4
고라카단
1
키카소 3
2 카이 하코네
6 카이 아타미
야규노쇼 7
5 아사바
8 세이류소

하코네

고라카단

고라카단強羅花壇

주소: 〒250-0408 神奈川県足柄下郡箱根町強羅1300

전화번호: 0460-82-3331

웹사이트: www.gorakadan.com

이메일: info@gorakadan.com

객실 수: 38

객실 요금: ¥¥¥¥

여러 개의 온천과 스파 시설, 그리고 시간이 지나도 변치 않는 아름다움을 자랑하는 하코네 산자락에 위치한 최고급 료칸이다. 황실가의 별장이었던 이곳은 바쁜 도쿄를 벗어나 호화스러운 주말을 즐길 수 있는 료칸으로 유명하다.

위 료칸 입구까지 자갈길이 깔려있다.

아래 정화 기능을 하는 작은 정원은 료칸의 입구에서부터 신사의 중심부에 이르기까지 다양한 곳에서 볼 수 있다.

고라카단은 하코네 지역의 관광 코스 한가운데 자리 잡은 고라 마을에 있다. 황실가의 여름 별장으로 쓰이던 땅에 세워졌으며, 1952년 료칸 문을 연 이후 1989년 대대적인 리모델링을 거쳐 전통과 현대가 적절히 어우러진 오늘날의 모습을 갖추었다.

최고로 손꼽히는 료칸에서는 대개 자연을 있는 그대로 느끼고 즐길 수 있다. 일본 문화에서 자연은 중요한 역할을 한다. 고라카단 역시 곳곳에 자연과 교감할 수 있는 공간이 있다. 후지하코네이즈국립공원 북쪽에 자리 잡은 이곳에서 투숙객은 푸르른 산을 마음껏 감상할 수 있다. 또한 망월대에 오르면 바람을 따라 흔들리는 대나무를 구경하고 시냇물 소리에 귀 기울일 수 있으며 날씨만 허락한다면 별로 수놓은 하늘까지

공중노천탕 중 한 곳. 고라카단의 개인 목욕탕과 공중목욕탕에서는 땅속에서 뿜어져 나오는 미네랄이 풍부한 온천수를 사용한다. 목욕 후에 피부가 부드럽고 매끄러워지는 것으로 유명하다.

위 경치가 아름다운 객실. 일반 객실을 제외한 객실에는 노천탕과 전경을 감상할 수 있는 나무 테라스가 마련되어 있어 자연을 고스란히 느낄 수 있다.

반대쪽 객실과 연결된 노천탕. 뜨거운 물이 턱에 닿을 때까지 몸을 푹 담그면 전신 마사지를 받는 것만큼이나 몸이 시원하고 편안해진다.

올려다볼 수 있다.

객실 또한 자연과 조화를 이루고 있다. 아넥스 스위트의 노천탕은 오래된 역사를 자랑하는 고라카단의 정원을 내려다보고 있다. 다른 스위트룸 역시 돌이나 나무로 만든 노천탕이 있어 자연을 즐길 수 있다. 가장 기본적인 스탠다드룸에도 작은 전용 정원이 있으며, 별도의 향기로운 실내 나무 목욕탕이 갖춰져 있어 천연 온천수를 바로 쓸 수 있다. 등급에 상관없이 모든 객실은 다다미 바닥과 종이를 바른 미닫이문, 그리고 상쾌하면서도 널찍한 느낌을 주는 밝은 색상의 나무 등 전통적인 디자인 요소로 꾸며져 있다.

사진에 보이는 향긋한 삼나무 욕조를 포함해 객실 내부에는 다양한 디자인의 욕조가 마련되어 있다.

1981년 고라카단은 독립적으로 운영되는 최고급 호텔과 레스토랑으로 구성된 를레 앤드 샤토Relais & Chateaux에 가입했으며, 2002년에는 최우수 고객 만족과 서비스를 평가하는 웰컴 트로피를 받기도 했다. 고라카단이 뛰어난 료칸이라는 점은 한눈에 알 수 있다. 객실에 있는 실내 목욕탕 외에도 2개의 커다란 공중목욕탕이 있어 미네랄이 풍부한 천연 온천수에 몸을 담그고 자연을 감상하며 편안하게 온천을 즐길 수 있다. 해가 지면 기모노를 입은 직원의 도움을 받아 예술 작품에 견줄 만한 가이세키 코스 요리를 맛볼 수 있다. 근처에 있는 스루가만과 사가미만에서 갓 잡은 신선한 생선 요리와 일본 각지에서 공수해온 뛰어난 품질의 식재료가 식탁에 오른다. 고라카단은 일반적인 료칸에서 한 발짝 더 나아가

전통적으로 꾸며진 스파에서는 시아추 마사지, 침술, 디톡스, 스톤 테라피 등 다양한 미용 관리를 받을 수 있다.

아래 전통식 료칸의 조찬을 먹고 나면 점심을 건너뛰어도 될 만큼 배가 든든하다. 밥과 생선구이, 채소절임, 국으로 된 아침식사를 천천히 음미하면서 편안한 하루를 시작할 수 있다.

위 고라카단에서는 온천과 마사지 외 다른 방법으로도 휴식을 즐길 수 있다. 료칸에서는 흔치 않지만 원한다면 하루 종일 수영장에서 놀거나 운동을 하며 시간을 보낼 수도 있다.

실내 수영장과 자쿠지, 헬스장, 그리고 전신 또는 피부 마사지, 아로마테라피 등 다양한 미용 관리를 받을 수 있는 스파까지 갖추고 있다.

위치 또한 훌륭하다. 하코네야외박물관(방대한 피카소 작품과 야외 설치 미술품을 감상할 수 있다)과 뜨거운 온천수를 내뿜는 오와쿠다니계곡, 그림 같은 후지산을 볼 수 있는 아시호수까지 다양한 관광 명소도 가깝다. 50~51쪽에서 하코네의 관광 명소를 더욱 자세히 알아볼 수 있다.

하코네

카이 하코네

호시노 리조트 카이 하코네界 箱根

주소: 〒250-0312 神奈川県足柄下郡箱根町湯本茶屋230

전화번호: 050-3786-1144

웹사이트: https://kai-ryokan.jp/hakone

이메일: hakone@kai-ryokan.jp

객실 수: 31

객실 요금: ¥¥

전통과 지역적 특색이 군더더기 없이 조화를 이루는 곳으로, 특히 지역에서 만든 가구를 주요 모티프로 활용한 요세기노마 객실은 매끄러운 현대적 감각이 돋보인다.

오른쪽 카이 하코네의 대표 요리 중 하나인 나베('냄비'라는 뜻이다) 요리는 최상급 쇠고기를 미소 소스로 요리해 선보인다.

반대쪽 메이지 쇠고기 나베(오른쪽)의 따뜻한 식감과 균형을 맞추기 위해 사진에 보이는 것과 같이 입 안에서 부드럽게 녹는 요리가 함께 나온다. 보기에도 아름답지만 맛 또한 탁월하다.

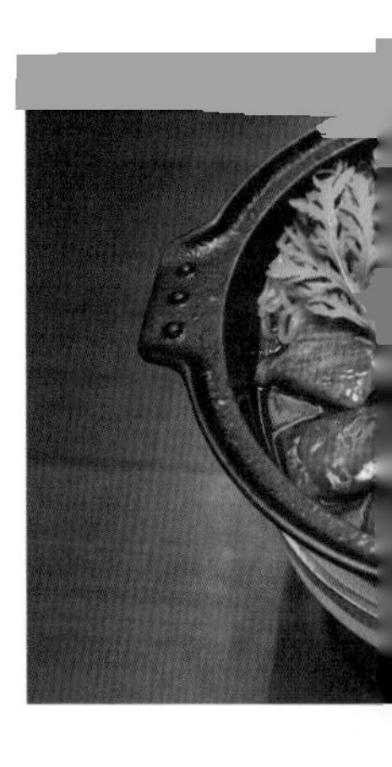

산을 따라 흐르는 강기슭에 자리 잡은 카이 하코네는 하코네 중심지에 있는 하코네유모토역에서 택시를 타면 금방 도착할 수 있다. 전통 료칸을 살짝 변형시킨 곳으로 오늘날 투숙객의 눈길을 사로잡기에 충분히 매력적이다.

안으로 들어서면 기모노 대신 검은 옷을 입은 직원이 손님을 맞이한다. 나무 바닥과 가구, 그리고 바닥부터 천장까지 이어지는 커다란 창이 있어 푸르른 전경을 한눈에 볼 수 있는 널찍한 로비에서 웰컴 드링크로 녹차 대신 스파클링 와인이 제공된다.

로비에서부터 대나무로 이어진 복도를 따라 걸으면 객실에 도착한다. 객실층은 모두 4층으로 되어 있으며, 어느 방에서나 강을 감상할 수 있다. 1층부터 3층까지는 일본식으로 꾸며진 총 23개의 방이 마련되어 있다. 좌식 소파와 침대가 준비되어 있고 앉을 수 있는 다다미 바닥이 있다. 침실 바닥에는 나무가 깔려있으며 커다란 창이 있어 자연을 눈과 귀로 고스란히 느낄 수 있다. 4층에는 서양식 객실 총 8개가 있다. 바닥에는 카펫이 깔려있고 전체적으로 현대적이며 깔끔한 인테리어가 인상적이다.

다른 곳에서는 볼 수 없는 전통 하코네를 경험하고 싶다면 요세기노마 객실을 추천한다. 지역 수공예인 요세기, 즉 색과 결이 다른 원목을 이어

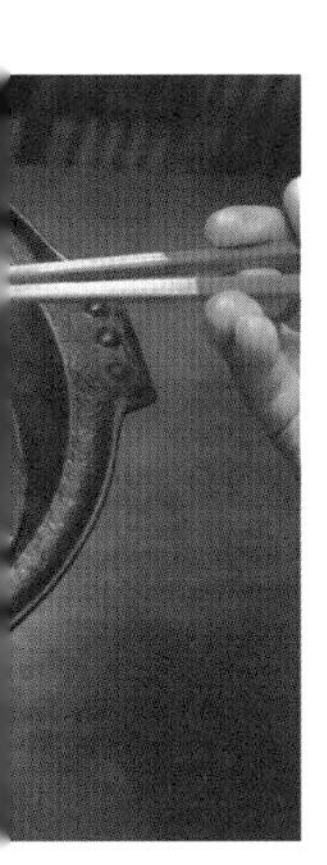

이온으로 가득한 공중노천탕에서는 흐르는 강물과 무성한 숲 덕분에 선선함을 느낄 수 있다. 독특한 인테리어 디자인은 웅장한 자연을 마치 한 폭의 그림처럼 담아낸다.

왼쪽과 아래 료칸에서 마시는 사케 한 잔은 언제나 특별하다. 자연을 내다볼 수 있는 테라스(아래) 또는 요세기 수공예 가구로 꾸며진 요세기노마 객실(왼쪽)에서 일본 전통주를 즐겨보자.

붙여 모자이크와 비슷한 완성품을 만드는 공법의 가구들로 꾸며져 있다. 하코네의 기념품 가게마다 상자, 쟁반, 컵, 찬장 등 다양한 요세기 제품을 판매한다. 요세기노마 객실에는 요세기 소품뿐만 아니라 요세기 패턴으로 만든 가구까지 준비되어 있어 색다른 인테리어를 접할 수 있다. 또한 밤마다 로비에서 투숙객을 위한 요세기 컵받침 만들기 수업이 진행된다. 즐거운 경험일 뿐만 아니라 집에 놀러온 손님의 흥미를 끄는 훌륭한 소품을 만들 수 있다.

요세기노마 객실처럼 카이 하코네의 석찬도 정교하고 아름답다. 10개의 코스 요리로 구성된 가이세키는 대개 연어알 또는 성게를 넣은 전채 요리로 시작된다. 그 다음 핫슨 요리가 나오는데, 머위 새싹을 넣은 미소국과 닭찜 또는 우뭇가사리를 섞은 성게, 날치알을 올린 얇게 썬 감자 등 계절에 따라 다양한 요리가 조금씩 상에 오른다. 그러나 투숙객의 눈을 사로잡는 것은 단연 요리사가 특별히 준비한 메이지 시대(1868~1912년)의 요리를 재현한 쇠고기 나베다. 미소 소스로 요리한 쇠고기를 두툼하게 잘라 육즙이 그대로 살아 있다.

하코네는 일본에서도 천연 온천으로 유명하다. 근방에만 20개의 온천이 자리 잡고 있는 만큼 하코네 료칸에서는 온천욕이 필수 코스다. 카이 하코네에는 여성용과 남성용 하나씩 총 2개의 공중노천탕이 마련되어 있는데, 하코네유모토의 온천수를 끌어다 쓴다. 커다란 인피니티 욕조 너머로 커다란 창문이 있어 초록이 무성한 강 전경을 만끽할 수 있다.

도쿄에서 가까운 하코네는 주말 나들이 장소로 손꼽힌다. 료칸도 잘 갖추어져 있고 온천도 즐길 수 있을 뿐만 아니라 관광지도 많기 때문이다. 하코네유모토역에서 출발해 지그재그로 난 철도와 케이블카, 그리고 삭도 등 여러 가지 교통수단을 이용하면 하코네야외박물관과 오랜 역사를 자랑하는 후지야 호텔(48쪽), 고라의 고산 마을, 그리고 산 정상에 있는 뜨거운 수증기가 모락모락 피어오르는 오와쿠다니계곡까지 갈 수 있다. 또한 후지산을 먼발치에서 감상할 수 있는 아시호수 역시 놓쳐서는 안 될 관광지다.

하코네

키카소

후지야 호텔 별관, 키카소菊華荘

주소: 〒250-0404 神奈川県足柄下郡箱根町宮ノ下359

전화번호: 0460-82-2211

웹사이트: www.fujiyahotel.jp

이메일: info@fujiyahotel.jp

객실 수: 3

객실 요금: ¥¥¥

키카소는 객실이 3개뿐이지만, 친밀하고 평온한 인상을 준다. 그림 같은 정원을 품고 있는 옛날 황실가 별장을 독채처럼 즐길 수 있는 흔치 않은 기회다.

즐거운 료칸 체험에서 가장 중요한 요소는 훌륭한 직원이다. 접객을 뜻하는 오모테나시는 손님이 필요로 하는 것을 이해하고 예측한다는 의미를 가지고 있는데, 요즘에는 그 의미가 다소 부풀려져 있으며 제대로 하지 않으면 오히려 융통성 없는 서비스로 이어진다. 하지만 최고로 손꼽히는 료칸은 오모테나시 역시 완벽하다. 키카소처럼 오래된 역사를 자랑하는 곳의 경우 여러 세대에 걸쳐 갈고닦은 흠잡을 데 없이 완벽한 오모테나시를 경험할 수 있다.

일본에서 손꼽히는 서양식 전통 호텔 중 한 곳인 후지야 호텔에는 구석구석 역사가 살아 숨 쉰다. 1878년 문을 연 이후, 일본 왕족을 비롯해 찰리 채플린, 헬렌 켈러, 존 레논과 같은 세계적인 유명 인사가 머무는 최고급 숙박 시설로 자리 잡았다. 건물과 주변에 고스란히 남아 있는 옛 흔적이 오늘날까지 깊은 감동을 준다. 복도 벽에는 호텔에서 묵고 간 유명인들의 사진이 빼곡하게 걸려있다. 아르데코 인테리어가 돋보이며 나무 기둥은 오랜 세월을 품고 있다. 묵묵히 자리를 지켜 온 계단은 오를 때마다 삐걱거리며 소리를 낸다. 하지만 후지야 호텔의 매력은 이게 전부가 아니다. 하코네의 숨겨진 보석, 키카소가 바로 이곳에 있다.

1895년 메이지 천황과 황후를 위한 여름 별장으로 지어진 이곳은 1940년대까지 황실가 사람들이 주로 찾는 휴양지였다. 이후 후지야가 인수했다. 키카소는 오래된 세월만큼이나 고풍스러운 매력을 지니고 있다. 후지야 호텔의 유명한 프랑스 요리 대신 다다미 바닥으로 된 식당에서 여러 요리로 구성된 가이세키 석찬을 즐길 수 있다. 한때 천황의 침실이었던 장소에서 즐기는 만찬은 색다른 경험이다. 노송나무 기둥을 찬찬히 살

아래 키카소의 투숙객은 사진에 보이는 것과 같은 전통 가이세키 요리와 후지야 호텔의 프랑스 요리 중에서 선택할 수 있다.

위 3개의 객실은 단정하면서도 전통적인 분위기가 느껴진다. 내실에는 좌식 테이블이 있는데, 밤이 되면 테이블을 옆으로 치우고 바닥에 이불을 깐다. 투숙객은 다다미 바닥의 부드러운 향을 맡으며 잠을 청할 수 있다.

펴보면 아주 오래전 모기장을 걸었던 쇠고리를 볼 수 있다. 또한 황실의 국화 문장이 새겨진 철제 조명도 그대로 남아 있다.

야외에서도 황실의 흔적을 찾아볼 수 있다. 이곳을 찾는 투숙객은 한때 황실가 사람들에게만 허락되었던 정원을 마음껏 산책할 수 있다. 일본 황실가의 별장 중에서 규모가 제일 작은 키카소처럼 정원 역시 아담하지만 특별하다. 이끼가 낀 길을 따라 걸어가면 별장의 전경이 한눈에 들어오는 작은 언덕이 모습을 드러낸다. 잉어로 가득한 연못 위로 놓인 주홍색 다리가 인상적이다. 투숙객은 메이지 천황과 쇼와 천황이 그랬던 것처럼 고요함과 평온함 속에서 차분하게 정원을 거닐 수 있다. 키카소에는 객실이 단 3개뿐이다. 모두 전통 료칸식으로, 다다미 바닥이 깔려있고 종이를 바른 미닫이문이 달려있다. 밤이 되면 바닥에 이불을 깐다.

역사를 자랑하는 키카소와 화려한 후지야 호텔로도 부족하다면, 주변 관광지를 둘러보자. 하코네는 오래전부터 도쿄 사람들이 가장 선호하는 1박 여행지다. 접근성이 뛰어나고(도쿄 신주쿠역에서 쾌속열차 로망스카를 타면 1시간 45분 만에 하코네에 도착한다) 후지산과 천연 온천 등 다양한 자연경관이 가까이에 있다. 또한 관광지 주변에 자리 잡고 있어 지역적 조건도 훌륭하다.

많은 관광객이 하코네유모토역에서 미야노시타역까지 이동하기 위해 등산 철도를 따라 운행하는 2칸 열차를 타는데, 하코네 지역의 더욱 깊숙한 곳까지 수월하게 갈 수 있는 편리한 교통수단이다. 두 정거장 떨어진 초코쿠노모리역에 내리면 옆으로 길게 누운 야외 조각상과 방대한 피카소 작품 컬렉션을 자랑하는 하코네야외박물관에 갈 수 있다. 한 정거장 더 가서 종점에 다다르면 고라 마을이 모습을 드러내는데, 이곳에서 케이블 철도를 타고 소운산까지 갈 수 있다. 주변 경관을 감상한 후에는

정원은 키카소의 가장 아름다운 장소 중 하나로, 특히 눈길을 사로잡는 주홍색 다리가 인상적이다.

케이블카를 타고 거품이 올라오는 온천과 뭉게뭉게 피어오르는 유황 수증기로 뒤덮인 오와쿠다니계곡을 건너는 것도 좋다. 케이블카는 아름다운 아시호수까지 운행하는데, 날씨가 좋으면 후지산의 빼어난 자태를 직접 볼 수 있다.

가와구치호수

슈호카쿠 코게츠

슈호카쿠 코게츠秀峰閣湖月

주소: 〒401-0304 山梨県南都留郡富士河口湖町河口2312

전화번호: 0555-76-8888

웹사이트: www.kogetu.com

이메일: info@kogetu.com

객실 수: 45

객실 요금: ¥¥¥

후지산의 그림자에 가장 가까이 다가갈 수 있는 료칸으로, 코게츠에서 바라보는 후지산과 호수는 그야말로 절경이다.

왼쪽 온천탕 입구. 료칸과 온천을 자주 찾는 사람이라면 소용돌이치는 듯한 한자가 익숙할 것이다. '유'라고 발음하는 히라가나로, 뜨거운 물을 뜻하며 온천을 상징한다.

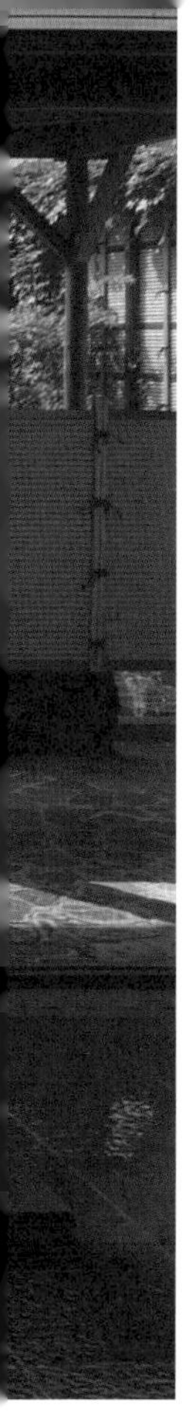

왼쪽 코게츠의 온천탕에서 후지산을 볼 수 있다. 날씨가 좋을 때는 아침에 일어나면 아카후지(붉그스레한 후지산을 말한다)를 볼 수 있고 저녁에는 구로후지(달빛을 받은 후지산이 호수에 떠 있는 듯 보이는 것을 말한다)를 볼 수 있다.

일본에서 가장 높고 유명한 후지산 봉우리는 가츠시카 호쿠사이의 판목 작품에서부터 하이쿠의 거장 마츠오 바쇼에 이르기까지 여러 세대에 걸쳐 일본의 예술가들에게 영감을 불어넣고 있다. 1년 중 대부분 만년설에 뒤덮여 있는 봉우리는 멀리 떨어진 도쿄에서도 볼 수 있다. 신토와 불교에서 신성한 장소로 여겨지며 일본 문화의 맥이라고 할 수 있다. 처음 보든 100번을 보든, 웅장한 후지산은 마주할 때마다 보는 이의 감탄을 절로 자아낸다.

먼발치에서도 후지산을 감상할 수 있지만, 도쿄에서 서쪽으로 100킬로미터 떨어진 야마나시현에 있는 5개의 호수 중 하나인 가와구치호수에서 가장 잘 보인다. 그중에서도 호수의 북쪽 가장자리에 자리 잡은 코게츠 료칸은 후지산을 가장 잘 볼 수 있는 곳으로 손꼽힌다. 코게츠에 있는 2개의 노천탕에서 바라보는 후지산과 호수에 비친 그림자는 완벽한 대칭을 이룬다. 겨울 아침 햇빛이 내리비치면 산자락은 붉게 물들고 밤이 되어 달빛이 드리우면 마치 호수에 후지산이 둥둥 떠 있는 듯하다. 이를 가리켜 아카후지(붉은 후지산)와 구로후지(검은 후지산)라고 부른다.

온천탕과 마찬가지로 객실에서도 후지산의 절경을 만끽할 수 있다. 일부 특별실에는 전용 나무 테라스가 마련되어 있어 편안한 차림으로 휴식을 취하거나 족욕을 하면서 주변을 감상할 수 있다. 전용 노천탕이 있는 객실도 있다. 객실 내부는 빛이 잘 들어오고 통풍이 잘 된다. 다다미와 벽, 원목이 모두 밝은색이며 이불 또는 서양식 침대가 제공된다. 대부분의 투숙객은 방에서 석찬을 즐기는데(인원이 많으면 별도로 석찬 장소가 마련되기도 한다), 여느 료칸처럼 코게츠에서는 제철에만 맛볼 수 있는 지역 농산물들로 구성된 가이세키가 나온다. 향긋한 송이버섯 수프와 고슈 와인에 재운 돼지고기로 요리한 샤브샤브 등이 상에 오른다.

위 객실로 들어서면 곧바로 직원이 웰컴 드링크를 대접한다. 여행의 피로를 말끔히 씻어주는 웰컴 드링크를 마시면서 료칸에서 머무는 동안 접객을 담당할 직원과 인사를 나눌 수 있다.

아래 요리는 맛만큼이나 차림새에 신경을 쓴다. 석찬에 나오는 요리들은 눈과 입을 모두 충족시킨다.

로템부로(노천탕)에서는 아름다운 호수를 볼 수 있는데, 자칫 잘못하면 지나가는 배에 알몸을 노출할 수도 있다.

물가 길이가 20킬로미터에 조금 못 미치는 가와구치호수는 후지산을 둘러싼 5개 호수 중 두 번째로 크다. 배나 백조 모양의 페달 보트를 타고 호수를 구경할 수 있다. 호수 주변에는 아름다운 산책로와 여러 관광지가 자리 잡고 있다.

가와구치호수가 도쿄 외곽의 주말 나들이 장소로 더욱 완벽한 이유는 풍경, 료칸, 온천 외에도 다양한 놀거리가 있기 때문이다. 가와구치호수에서 차를 타면 손에 땀을 쥐게 하는 놀이기구로 가득한 후지큐하이랜드에 금방 도착한다. 호수 근처에 있는 구보타미술관에서는 홀치기 염색으로 장식한 기모노와 여러 가지 직물을 살펴볼 수 있다. 또한 허브 정원도 있어 봄이 되면 분홍색 꽃잔디와 후지산이 대비되는 놀라운 장관이 펼쳐진다. 후지산 정상으로 가는 등산길도 가까워 여름철 등산 시즌이 시작되면 수천 명의 등산객이 일본에서 가장 높은 꼭대기에서 일출을 보기 위해 3,776미터의 대장정을 떠난다. 무엇보다 후지산과 가까이 있다는 것만으로도 특별한 경험이 된다. 노천탕에 몸을 담그고 노을을 바라보거나 자연을 만끽하며 테라스에서 오후 시간을 보낼 수 있다.

왼쪽 사케처럼 보이지만, 사실 와인이다. 일본에서는 와인을 잘 마시지 않지만, 야마나시는 맛 좋은 와인으로 유명하다.

아래 객실의 단순한 디자인이 일본의 전통적 요소를 더욱 빛낸다.

슈젠지온천, 이즈

아사바

아사바あさば
주소: 〒410-2416 静岡県伊豆市修善寺3450-1
전화번호: 0558-72-7000
웹사이트: www.asaba-ryokan.com
이메일: asaba@izu.co.jp
객실 수: 17
객실 요금: ¥¥¥¥

아사바는 여러 면에서 남다르다. 15세기부터 한 집안에서 소유하고 있을 뿐만 아니라 일본 전통 가면극인 노의 야외무대가 따로 마련되어 있다. 해마다 여러 번 노 공연이 펼쳐진다.

위 아사바 입구는 절과 흡사하다. 슈젠지는 오랫동안 불교와 연관이 깊은 마을일 뿐더러 아사바 역시 처음에는 사찰의 숙박 시설로 쓰였다는 점을 고려하면 놀랍지 않다.

왼쪽 슈젠지는 아름다운 온천 마을이다. 마을을 가로지르는 강은 가을이 되면 노랗고 붉게 물든다. 1년 내내 산책하기에 완벽한 장소로 아사바와도 가깝다. 슈젠지절과 같은 역사적인 관광지도 걸어서 갈 수 있다. 노천 족욕탕을 이용하거나 주변에서 쉽게 볼 수 있는 마차 아이스크림을 즐기면서 마을을 돌아보는 것도 좋다.

료칸의 평온함과 고요함을 즐길 수 있는 장소가 아사바 곳곳에 마련되어 있다.

진언종을 창시한 승려 고보다이시(구카이라고도 한다)는 800년대 초 오늘날의 슈젠지 마을을 방문했다가 천연 온천을 발견했다. 그리고는 이곳에 슈젠지라는 이름의 유래가 된 절을 지었다. 이후 슈젠지는 불교와 온천을 대표하는 장소가 되었다. 한가운데 슈젠지절이 있는 마을은 500년 동안 진언종의 지역적 중심지로 발달했다. 이후 200년 동안 불교의 린자이 종파가 유행했던 가마쿠라 시대(1185~1333년)를 거치며 진언종의 영향력이 점차 줄어들었다. 1400년대 말에 들어서 슈젠지절은 소토 불교에 속하게 되었고, 이후 수십 년 동안 번영을 누렸다. 화재에 취약한 전통 건축인 탓에 손상과 복구 과정을 여러 번 거쳤지만, 오늘날까지 건재하다.

소토교가 들어온 이후에 오늘날 유명한 료칸인 아사바가 지어졌다. 1489년 아사바 가문이 만든 이래 지금까지 같은 가문에서 운영하고 있다. 아사바는 원래 사찰 숙박 시설이었지만 메이지 시대를 거치며 호화로운 고급 휴양지로 거듭났다. 를레 앤드 샤토에 이름을 올린 몇 안 되는 일본의 호텔 중 한 곳으로 특히 객실에서 보이는 야외 노 무대가 인상적이다.

배를 타고 노 무대로 향하는 모습. 잊지 못할 특별한 공연이 될 것이다. 해마다 여러 번 노 공연이 펼쳐지는데, 일정이 발표되면 순식간에 표가 매진된다. 공연 표를 구하기만 한다면 객실에 편안하게 앉아 공연을 볼 수 있다. 그 어떤 귀빈석도 부럽지 않다.

공용 공간과 마찬가지로 객실 내부는 밝은색의 목재와 다다미 바닥 덕분에 상쾌하고 환한 분위기가 느껴진다. 아사바는 오랜 전통을 자랑하는 곳이지만 박물관 같은 고리타분함은 전혀 찾아볼 수 없다.

커다란 연못과 노 무대와 더불어 가을이 되면 노랗고 붉게 물드는 숲은 정말로 아름답다. 하지만 방 안에서 바라보는 모습만큼이나 객실 내부 또한 잘 꾸며져 있다. 객실은 다다미 바닥과 미닫이문 등 전통적인 요소들을 두루 갖추고 있다. 널찍하고 환한 공용 공간은 밝은색의 목재로 꾸며져 있으며 복도에는 다다미 또는 카펫이 깔려있다. 커다란 창은 연못을 감상하기에 안성맞춤이다.

투숙객이 편안하게 쉴 수 있도록 돌로 꾸며진 노천탕에서는 달콤한 유자 향이 난다. 새하얀 벽이 현대적인 느낌을 주는 라운지에서는 칵테일 등 술을 마실 수 있다. 또한 유럽 스타일의 스파도 있어 다양한 전신 및 얼굴 마사지를 받을 수 있다. 음식 또한 빼놓을 수 없다. 석찬은 객실에서 먹는데, 아사바의 가이세키는 제철 재료와 지역 농산물이 어우러지는 완벽한 식사로 손꼽힌다. 생선회부터 민물 게 또는 쌀을 넣은 붕장어 등 계

위와 오른쪽 실내 온천탕과 공중 노천탕이 마련되어 있다. 온천수에 유자를 띄워 강렬하면서도 편안한 향을 즐기면서 뜨거운 물에 몸을 담글 수 있다.

왼쪽 석찬처럼 조찬도 일본 전통식으로 차려진다. 제철 생선구이와 쌀밥, 미소국, 달걀, 여러 채소 반찬과 채소절임이 나온다. 다른 료칸처럼 석찬과 조찬 모두 숙박 패키지에 포함되어 있으며 객실에서 먹을 수 있다.

왼쪽 투숙객은 황실 칠기와 최고급 도자기에 담겨져 나오는 가이세키를 먹으며 제철 민물 생선과 야생 멧돼지 등 지역 특산품을 즐길 수 있다. 시즈오카는 해산물이 유명하므로 해산물 음식도 자주 상에 오른다.

밤에 바라본 아사바. 연못은 료칸의 아름다움과 고요함을 한층 더 짙게 만든다. 낮에는 종종 수면 위를 날아다니는 물총새의 모습을 볼 수 있다.

절별로 즐길 수 있는 전채 요리와 야생 멧돼지를 이용한 냄비 요리 등이 나온다.

아사바에서 유유히 산책하다 보면 슈젠지의 주요 볼거리를 모두 구경할 수 있다. 대나무 숲을 지나 붉은색의 가에데 다리를 건넌 다음 마을을 가로지르는 강을 따라 걸으면 돗코노유 족욕탕에 다다른다. 돌이 무성한 강가에 자리 잡은 이곳은 고보다이시가 처음 슈젠지를 방문했을 때 직접 발견한 후 신성한 장소라고 선언했다고 알려져 있다. 족욕탕을 지나면 슈젠지절에 도착한다. 일본의 대표적인 신사와 사찰에 비해 슈젠지절은 소박한 편이다(금박으로 뒤덮인 교토의 킨카쿠지절이나 정교한 조각이 눈길을 사로잡는 닛코의 도쇼구신사보다는 덜 화려하다). 하지만 마을과 아사바에서 느껴지는 고요하고 평온한 분위기가 지친 마음을 위로한다.

아타미온천, 아타미

카이 아타미

호시노 리조트 카이 아타미界 熱海

주소: 〒413-0002 静岡県熱海市伊豆山759

전화번호: 0570-073-011

웹사이트: https://kai-ryokan.jp/atami

이메일: info@kai-atami.jp

객실 수: 16

객실 요금: ¥¥¥

바다가 내려다보이는 2개의 아로마 온천탕과 산자락에 자리 잡은 건물이 오래된 매력을 자랑하는 카이 아타미는 주변 료칸 중에서도 최고로 손꼽힌다.

아타미는 한 폭의 그림 같은 이즈반도의 사가미만이 내려다보이는 휴양지 마을로, 온천과 전통 숙박 시설을 갖춘 여행지로 오랫동안 사랑받아 왔다. 예전부터 도쿄 사람들은 바쁜 도시 일상을 잠시 뒤로하고 서쪽으로 100킬로미터 떨어진 이곳으로 와 미네랄이 풍부한 온천수에 몸을 담그기도 하고 카이 아타미 료칸처럼 세월이 흘러도 변하지 않는 휴양지에서 시간을 보내기도 한다.

호시노 리조트의 카이 브랜드 중 한 곳인 카이 아타미는 160년의 역사를 자랑하는 대표적인 료칸이다. 입구에 신발을 벗고 실내로 들어와 무명 유카타를 걸치는 순간, 모든 것이 천천히 진행되고 명상을 하거나 평

오른쪽 호시노 리조트의 카이 또는 호시노야 브랜드에서는 석찬 자체가 곧 특별한 경험이 된다. 사진에 보이는 가이세키는 지역의 싱싱한 해산물을 정갈히 담아냈다.

왼쪽 자갈길과 대나무 숲이 은은한 조명이 켜진 입구까지 이어진다.

반대쪽 오래된 게이샤 전통을 자랑하는 지역은 비단 교토만이 아니다. 도쿄에도 게이샤 전통을 체험할 수 있는 곳이 있다. 아타미도 마찬가지다. 매일 저녁 카이 아타미의 석찬이 끝나면 마을의 게이샤가 전통 음악과 춤을 선보이기도 하고 투숙객과 함께 부채 던지기와 같은 즐거운 게임을 하기도 한다.

정심을 찾을 수 있는 다른 세계가 시작된다. 세세한 부분까지 집중할 수 있어 향긋한 녹차 향과 다다미의 달콤한 냄새, 그리고 멀리서 들려오는 파도 소리까지 모두 느껴진다.

객실 수는 16개로, 만이 내려다보이는 언덕 위로 복도와 계단이 복잡하게 연결되어 있는 내부는 미로와 비슷하다. 파도 소리를 들으며 잠을 청할 수 있을 정도로 바다와 가깝지만 동시에 객실과 커다란 공중노천탕에서 바다를 내려다볼 수 있을 만큼 높은 산자락에 위치하고 있다. 야외 라운지 역시 언덕 한가운데 있어 무료 음료를 즐기면서 휴식을 취할 수 있다. 멋진 장관을 감상할 수 있을 뿐만 아니라 본채의 오래된 목재와 다다미 바닥에서 잠시 벗어나 신선한 공기를 들이마실 수 있다. 료칸의 전통적인 부분들과 현대적인 요소들이 적절히 섞여 있는데, 일본 전역에 있는 13개의 카이 호텔이 모두 비슷한 콘셉트를 바탕으로 하고 있다.

카이 브랜드의 또 다른 특징은 지역 전통과 특색이 녹아있다는 것이다. 아타미의 경우 지역의 뛰어난 해산물을 적극적으로 활용한다. 여러

국화는 일본에서 우아하고 고귀한 꽃으로 통한다. 황실가의 직인으로 쓰일 뿐만 아니라 장수와 회춘을 의미한다고 알려져 있다. 카이 아타미의 천연 온천탕을 장식하기에 완벽한 꽃이다. 국화의 효능(일본 전통에 따르면)으로는 다양한 통증 완화와 신체적 그리고 정신적 원기 회복 등이 있다.

왼쪽 객실에는 단순하고 정갈한 멋을 추구하는 일본 전통이 그대로 녹아있다.

개의 코스 요리로 구성된 가이세키는 객실의 좌식 테이블 앞에 양반다리를 하고 앉아 먹는다. 계절에 따라 다른 요리가 상에 올라오는데, 갓 잡은 생선과 조개는 빠지지 않는다. 통째로 요리한 붉돔과 여덟 가지 향신료를 넣은 조개찜 등 요리사가 정성 들여 준비한 전통 가이세키 요리가 나온다. 석찬이 끝나고 이어지는 공연에서는 아타미의 유명한 게이샤 전통을 체험할 수 있는데, 게이샤가 전통 춤과 노래를 선보인 다음 투숙객과 함께 전통 놀이를 한다. 특히 부채 던지기는 생각보다 훨씬 더 재미있다. 관광객이나 할 법한 체험이라고 생각할 수 있지만, 게이샤는 수년 동안 훈련을 받으며 춤과 노래, 몸의 움직임, 그리고 예의범절을 가다듬은 전문가라는 점을 잊지 말자. 여행 책자와 안내서에서는 화려한 게이샤의 모습을 자주 볼 수 있다. 그러나 실제로 관광객이 일본에서 게이샤와 마

오른쪽 2개의 노천탕 사이에 있는 야외 라운지. 전망이 아름답다. 냉장 보관한 차가운 맥주와 음료가 무료로 제공되므로 목욕을 마치고 시간을 보내기에 안성맞춤이다.

또 다른 온천탕의 모습. 카이 아타미에는 나무로 만든 커다란 공중온천탕이 2개 있는데, 모양이 비슷하고 꽃으로 장식되어 있다. 차이점이 있다면 한 곳은 여성용, 다른 한 곳은 남성용이다. 남자와 여자는 따로 목욕하는데 (다른 료칸도 마찬가지다), 두 곳 모두 아름다운 경치와 최고급 온천 체험을 선사한다.

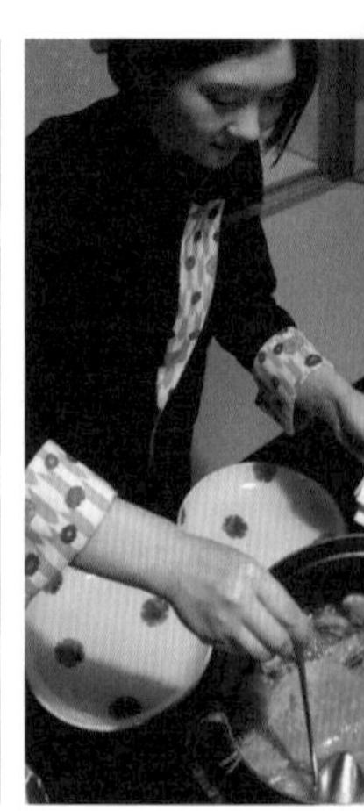

주 앉는 기회는 흔치 않다(일본인도 마찬가지다). 오랜 역사를 자랑하는 료칸은 전통을 먼발치에서 바라보는 대신 몸소 체험하고 느낄 수 있는 훌륭한 장소다.

다른 최고급 료칸과 마찬가지로 카이 아타미에 머물다 보면 떠나기 싫어진다. 하지만 아타미 주변 역시 재미있고 흥미로운 볼거리로 가득하다. 아타미역에서 시작되는 2개의 시장 골목은 미식가라면 반드시 가봐야 하는 곳이다. 수많은 종류의 말린 생선(특히 시즈오카현의 특산품)과 일본 전통 과자, 지역의 특산 과일과 채소를 맛볼 수 있다. 또한 3,500여 개의 그림이 전시되어 있을 뿐만 아니라 금박으로 장식한 다실과 노 극장을 볼 수 있는 모아미술관에서는 아타미역과 사가미만이 한눈에 내려다보인다. 카이 아타미의 노천탕에서 뉘엿뉘엿 지는 해를 바라보는 것만큼이나 인상 깊은 풍경이다.

반대쪽, 왼쪽 가이세키의 핵심은 제철 재료다. 가을이 되면 카이 아타미에서는 송이버섯을 다양한 방법으로 요리한다. 특히 송이버섯의 진한 풍미를 즐길 수 있는 수프가 일품이다.

반대쪽, 오른쪽 직원이 대표 요리인 붉돔을 그릇에 담고 있다. 카이 아타미를 비롯한 호시노 리조트의 직원들은 기모노와 같은 전통 의상 대신 현대와 전통이 골고루 섞인 유니폼을 입는다. 호시노 료칸 역시 전통과 현대가 조화를 이루고 있다.

왼쪽 료칸은 자연과 조화를 이룬다는 말을 자주 한다. 사진에는 그 훌륭한 예가 나와 있다. 이 나무는 수백 년 동안 그 자리를 지키고 있는데, 나무를 자르지 않고 그 주변으로 건물을 지었다. 실제로 나무는 아래층 복도를 뚫고 길게 뻗어있다.

슈젠지온천, 이즈

야규노 쇼

야규노쇼柳生の庄

주소: 〒410-2416 静岡県伊豆市修善寺1116-6

전화번호: 0558-72-4126

웹사이트: www.yagyu-no-sho.com

이메일: info@yagyu-no-sho.com

객실 수: 15

객실 요금: ¥¥¥¥

가을 정취가 물씬 풍기는 야규노쇼의 모습. 1년 내내 아름다운 장관을 자랑하는 특별한 료칸으로, 전통적인 디자인 사이로 흐르는 잔잔한 공기와 세심한 접객이 만나 료칸만의 매력을 고스란히 보여준다.

마츠노오 객실동 스위트에는 작은 정원과 노천탕이 있다. 그리고 다다미 방 끄트머리에 푸르른 자연을 감상할 수 있는 편안한 공간이 마련되어 있다.

야규노쇼처럼 안락하면서도 차분한 료칸에는 분명 특별한 매력이 숨어 있다. 커튼으로 가려진 입구를 지나 조용하고 절제된 내부로 들어서면 마치 다른 일본에 와있는 듯한 기분이 든다. 바쁘게 돌아가는 도쿄와 차가운 도시의 콘크리트로부터 수백만 킬로미터 떨어진 곳, 은은한 아름다움이 가득하고 최고를 얻기 위해 끈기 있게 기다려야 하는 곳에 온 것 같은 착각이 든다.

1970년에 지어진 야규노쇼는 그 당시 찻집을 현대적으로 재해석한 료칸이었다. 그러나 2009년 소유주의 자식인 하세가와 사키코와 그녀의 남

위 야규노쇼의 입구는 나무들로 가려져 있는데, 실내에 들어선 이후에도 자연과의 교감은 계속된다. 공용 또는 전용 온천탕 주변으로 푸르른 숲이 감싸고 있다. 인공 조명을 낮게 달아 건물 구석구석 자연 채광이 들어온다.

왼쪽 아래 야규노쇼의 노천탕은 자연과 완벽한 조화를 이룬다. 어둑해진 후에는 조명을 약하게 켜는데, 고요하고 조용한 가운데 숲에서 간간이 소리가 들려와 더욱 평온한 분위기를 즐길 수 있다.

오른쪽 아래 야규노쇼 입구 옆 작은 연못에는 관상용 비단잉어가 유유히 헤엄쳐 다닌다.

현지인에게서 올바른 온천 방법을 배울 수 있다. 온천을 오랫동안 즐기는 가장 좋은 요령은 뜨거운 탕과 바깥을 자주 오가는 것이다. 몸을 씻고 헹군 다음 뜨거운 온천수에 몸을 담근다. 그런 다음 샤워기로 몸을 식혔다가 다시 몸을 담그기를 반복한다. 야규노쇼의 온천탕 옆에는 정자가 마련되어 있어 뜨겁게 달아오른 몸을 식힐 수 있다.

편 다카시가 료칸을 물려받으면서 대대적인 리모델링을 했고, 그 결과 한 층 더 전통적인 공간으로 거듭났다. 지역의 목수공과 미장공, 장인 등의 도움을 받아 실내로 자연 채광이 더 많이 들어오게 했으며 천장을 낮춰 보다 친밀하고 편안한 공간을 만들었다. 또한 공용 공간의 바닥은 타타키(삼화토)라는 흙을 발라 마무리했다. 료칸 곳곳에서 정원이나 이케바나(일본의 전통적인 꽃꽂이-옮긴이)로 장식된 복도를 바라보며 조용히 생각을 정리할 수 있는 공간을 찾아볼 수 있다(직원 중에 꽃꽂이 전문가가 있다).

스위트 객실에도 전통이 스며 있다. 총 15개의 객실에 다다미 바닥이 깔려있고 침대 대신 이불이 준비되어 있다. 동시에 방마다 독특한 디자인

이 눈길을 사로잡는다. 료칸의 핵심인 온천탕 역시 객실마다 다른데, 노천탕과 세미 노천탕, 실내 온천탕으로 나뉜다. 모든 온천탕은 지역 장인이 손으로 돌을 깎고 미장을 해서 만들었다. 2개의 건물로 나누어져 있는데, 각각 전용 정원이 마련되어 있다.

객실에 있는 온천탕 외에도 2개의 공중노천탕인 무사시노유와 츠우노유가 있는데, 근처에 있는 슈젠지절 지하에서 나오는 온천수를 사용한다 (65쪽과 71쪽에 슈젠지절과 슈젠지 근처의 볼거리가 자세히 나와 있다). 다른 료칸과 마찬가지로 공중노천탕은 남성용과 여성용으로 구분되어 있다. 성별에 관계없이 2개의 온천탕을 모두 즐길 수 있게 시간을 정해놓고 바꿔

모든 스위트 객실에는 전용 온천탕이 마련되어 있다.

가며 운영한다. 따끈한 온천수에 몸을 담그면 통증과 스트레스가 눈 녹듯 사라질 뿐만 아니라 차분하고 평온하게 자연의 아름다움을 만끽할 수 있다.

요리 또한 일품이다. 수석 요리사인 다카하시 시바야마는 이즈반도 한가운데에 자리 잡은 야규노쇼의 지역적 특성을 요리에 반영한다. 신선한 해산물과 민물 생선, 그리고 이즈 쇠고기와 같은 지역 특산품으로 교토에서 영감을 받은 가이세키 요리를 선보인다. 요리 메뉴는 제철 재료에 따라 매달 바뀐다. 석찬에는 계절에 따라 생선회와 쇠고기 스테이크, 정원에서 갓 자른 대나무에 올린 민물 은어구이, 생선알을 채운 유자 등 다양한 요리가 나온다. 조찬 역시 마찬가지로 객실에서 준비되며 생선구이와 미소국, 쌀밥, 채소절임, 그리고 지역에서 공수한 신선한 재료로 만든 각종 반찬이 상에 오른다. 식사를 마친 후 체크아웃을 하기 전까지 노천탕에서 한가롭게 휴식을 취할 수 있다.

오른쪽 자연스러움과 단순함을 강조한 디자인은 대부분의 호텔이 크게 고민하지 않는 공용 공간에서도 찾아볼 수 있다.

오른쪽과 아래 민물 생선구이(오른쪽)에 작은 스다치 감귤을 곁들여 향과 맛을 낸 음식은 야규노쇼에서 선보이는 다양한 코스 요리 중 하나다. 이즈반도는 해산물로 유명한데, 채소와 쇠고기 역시 맛이 일품이다.

시모다

세이류소

이즈 남쪽 끝에 자리 잡은 최고급 휴양지인 세이류소에는 스파와 일품요리, 다양한 종류의 온천욕, 그리고 자연을 감상할 수 있는 전용 욕조까지 마련되어 있어 흠잡을 데 없이 완벽한 휴식을 즐길 수 있다.

세이류소清流荘

주소: 〒415-0011 静岡県下田市河内2-2

전화번호: 0588-22-1361

웹사이트: www.seiryuso.co.jp

이메일: info@seiryuso.co.jp

객실 수: 26

객실 요금: ¥¥¥

왼쪽 세이류소의 입구에는 일본에서 가장 큰 석등이 있다.

아래 세이류소의 객실 대부분에는 전용 노천탕이 있으며, 사진에 보이는 공중온천탕도 마련되어 있다.

료칸에서는 반드시 지켜야 할 예의범절이 있다. 바로 공중온천탕에 들어갈 때는 물이 지나치게 찰랑이지 않도록 해야 한다. 하지만 세이류소는 조금 다르다. 온천 수영장이 있어 투숙객이 마음껏 뛰어들거나 물을 튕길 수 있다. 25미터 길이의 수영장 주변을 키 큰 야자나무가 에워싸고 있는데, 덕분에 과거로 돌아온 듯한 기분이 든다. 일반적인 료칸이라기보다는 아가사 크리스티 소설에 나올 법한 여름 휴양지의 모습이다. 그러나 자세히 들여다보면 현대적으로 재해석한 전통 요소들이 고스란히 녹아있다.

객실을 먼저 살펴보자. 가장 좋은 객실은 102호로, 125제곱미터라는 엄청난 크기를 자랑한다. 다다미 바닥이 깔린 널찍한 거실은 개인 정원

수영장이나 야자나무는 료칸에서 흔히 볼 수 있는 요소는 아니다. 세이류소의 수영장이 더욱 특별한 이유는 온천수를 사용한다는 점이다. 목욕을 할 때처럼 옷을 다 벗지 않고도 따뜻한 온천욕을 즐길 수 있다.

아래 대부분의 객실은 대표적인 일본식 디자인 요소를 포함하고 있는데, 바닥과 침대를 모두 사용할 수 있는 것이 특징이다. 물론 진정한 일본 문화를 체험하고자 하는 투숙객을 위해 일본식 객실도 준비되어 있다.

위 이즈반도의 끝자락에 위치한 세이류소의 요리사는 최상급 해산물을 다양하게 접한다.

을 내다볼 수 있는 노천탕과 연결되어 있다. 계절에 따라 정원의 풍경 역시 각양각색으로 변한다. 물론 가장 좋은 객실 외에 개인 정원과 노천탕이 없는 방에도 실내 온천탕이 준비되어 있으며 정원이 보인다. 뿐만 아니라 여러 개의 공중노천탕이 있어 자유롭게 온천을 즐길 수 있다. 그러나 확실히 세이류소는 일반적인 료칸과는 많이 다르다. 수영장 외에도 모자이크 타일을 깔아 고대 로마식으로 꾸민 사우나와 전통 핀란드식 통나무 사우나가 있다. 족욕탕 역시 마련되어 있다. 또한 릴리사르시 스파에서는 간단한 발 마사지부터 노화 방지 마사지까지 다양한 피부 미용 관리를 받을 수 있다.

이즈반도의 남쪽 끝자락에 위치한 세이류소에서는 매우 신선한 최고급 해산물을 맛볼 수 있다. 가이세키 역시 해산물 위주다. 도미, 전복, 바닷가재 등 근처에서 공수한 다양한 제철 재료를 즐길 수 있다. 해안 마을 시모다의 북쪽에 있는 세이류소는 또한 시라하마의 그림 같은 하얀 백사장과 시모다아쿠아리움, 교쿠센지와 호후쿠지, 료센지를 비롯한 여러 사찰 등 이즈 지역 최고의 관광 명소를 찾기에 완벽한 위치를 자랑한다.

특히 료센지는 화려하거나 웅장하지는 않지만 일본 근대사에서 굉장히 중요한 장소다. 1854년 페리 준장의 해군 함정이 시모다만을 침범한 이후 바로 이곳에서 일본과 미국이 조약을 맺었는데, 이를 계기로 일본은 수 세기 동안 유지해온 고립 정책을 버리고 전 세계에 문호를 개방했다. 오늘날 페리 준장의 '검은 함대(당시 일본이 붙인 이름)' 모형이 관광객을 태우고 만을 따라 항해하고 있으며 시모다의 역사를 기리기 위해 해마다 검은 함대 축제가 열린다.

고후

도키와 호텔

도키와 호텔常盤ホテル

주소: 〒400-0073 山梨県甲府市湯村2-5-21

전화번호: 055-254-3111

웹사이트: www.tokiwa-hotel.co.jp

이메일: 온라인 양식

객실 수: 50

객실 요금: ¥¥¥

도키와는 큰 것도 충분히 아름다울 수 있다는 점을 잘 보여준다. 50개의 전통 객실과 별관, 그리고 아름다운 자연 경관이 인상적인 이곳은 일본료칸협회의 설립 회원으로 독특한 매력을 자랑한다.

오른쪽 아름다운 정원은 도키와의 매력 중 하나다. 목욕탕과 객실, 그리고 로비의 안락한 소파 등 공용 공간에서도 정원을 내다볼 수 있다.

반대쪽 널찍한 별실은 전통 일본식으로 꾸며져 있다. 그러나 시골스러운 분위기도 엿볼 수 있는데, 도코노마 옆 나무 기둥이 그 예다.

전통적인 정원과 천연 온천에서 뿜어져 나오는 온천수를 그대로 사용하는 도키와 호텔은 도쿄에서 서쪽으로 126킬로미터 떨어진 야마나시현 유무라 지역에 자리 잡고 있다. 황실가와 지식인, 외국 고위 인사, 그 외 여러 귀빈이 찾는 휴양지로 유명하다.

1929년에 일본료칸협회의 첫 회원 자격으로 문을 열었으며, 국토교통성에 '국제 관광 료칸'으로 정식 등록된 대여섯 곳의 료칸 중 하나였다. 수십 년 동안 영어로 손님을 맞이해왔는데, 그럼에도 불구하고 여전히 일본 전통이 살아 숨 쉰다.

이곳에서는 전통 일본식 석찬을 맛볼 수 있다. 수석 요리사 오노 히데지가 지휘하는 여러 코스의 가이세키는 눈과 입을 모두 만족시키기에 충분하다. 신선한 제철 재료와 마블링이 뛰어난 고슈 쇠고기, 와인을 먹인 돼지고기 등 지역 특산품이 한데 어우러져 감칠맛을 완성한다. 객실의 수는 총 50개로, 별실과 일반 객실이 섞여 있다. 객실은 대개 전통식이고 커다란 일본식 정원을 향해 있다. 정원 뒤편으로 일본의 남알프스가 보

이는 동관과 후지산과 거의 완벽한 대칭을 이루는 서관이 자리 잡고 있다. 객실마다 매력이 가득하지만, 특히 주변을 완벽하게 차단할 수 있는 11개의 별실(7개의 별관에 마련되어 있다)이 눈길을 사로잡는다.

다른 객실과 마찬가지로 별관은 기본적으로 전통적으로(다다미 바닥, 좌식 테이블, 종이 미닫이문 등) 꾸며져 있지만, 방마다 조금씩 차이가 있다. 특히 온천탕이 다른데, 예를 들어 야쿠모 객실은 돌을 깎아 만든 전용 노천탕이 있으며 연못과 정원 풍경을 모두 즐길 수 있다. 그런가 하면 와카타케 객실과 와카마츠 객실에는 히노키(편백나무)로 만든 야외 욕조가 있어 은은하면서도 부드러운 향이 느껴진다. 미사카 객실의 경우 무대처럼 솟은 공간에 야외 부타이즈쿠리 욕조가 놓여있고, 시라네 객실의 욕조는 작은 하코니와(상자 정원) 안에 마련되어 있다. 특히 이 방은 작가 마츠모토 세이초가 추리소설 『파도의 탑』을 집필했던 곳으로 알려져 있다. 이 외에도 많은 지식인이 도키와와 인연이 깊다.

정원을 따라 산책하다 보면 일본 문학의 발자취를 엿볼 수 있다. 『검은

위 1920년대 말 쇼와 시대의 시작과 함께 지어진 이곳은 처음부터 외국인 투숙객을 위한 료칸이었다. 오랜 세월 동안 고유의 디자인을 그대로 유지해왔다는 사실이 놀랍다. 외국인을 겨냥한 다른 호텔과 달리 도키와는 100퍼센트 일본식이다.

왼쪽 정원은 단지 관상용이 아니다. 화창한 오후에는 정원에 앉아 차를 마시며 시간을 보낼 수 있다.

비』의 저자 이부세 마스지가 느티나무 아래에서 많은 시간을 보냈으며 쇼와 시대(1926~1989년)의 유명 소설가이자 작가인 야마구치 히토미는 코코노에 별실을 자주 찾았을 뿐만 아니라 도키와의 모과 열매에 대해 글을 썼다고 알려져 있다.

도키와 온천탕을 채우는 근방의 유무라온천 역시 오랜 역사를 가지고 있다. 센고쿠 시대(1467~1603년) 말 다케다 일가의 잘 알려진 다이묘인 다케다 신겐이 이곳에서 '비밀 목욕'을 했다는 말도 있다. 다른 온천과 마찬가지로 치료 및 회복 효능이 탁월해 신경통부터 치질까지 다양한 질병의 증상을 완화한다. 남녀가 따로 사용하는 공중온천탕에서 온천수의 뛰어난 효능을 직접 시험해보는 것도 좋은 경험이 될 것이다. 남성 투숙객은 나무로 만든 목욕탕의 창문이나 야외 수영장에서 주변 경치를 감상할 수 있고, 여성 투숙객은 히노키로 만든 야외 욕조 또는 실내 목욕탕의 커다란 창문을 통해 푸르른 숲을 만끽할 수 있다.

주젠지호수, 닛코

카이 닛코

호시노 리조트 카이 닛코界 日光

주소: 〒321-1661 栃木県日光市中宮祠2482-1

전화번호: 050-3786-1144

웹사이트: https://kai-ryokan.jp/nikko

이메일: nikko@kai-ryokan.jp

객실 수: 33

객실 요금: ¥¥¥

주젠지호수를 감싸는 숲 사이에 자리 잡은 곳으로, 닛코의 세계문화유산을 보러 온 관광객들과는 동떨어져 있으면서도 주변 볼거리와는 가까운 것이 특징이다. 카이 닛코의 자연 경관은 최고급 료칸이라는 이름에 걸맞다.

위 투숙객은 천장이 있는 아름다운 복도를 따라 식사 공간으로 향한다. 나막신이 바닥에 부딪히는 경쾌한 소리는 또 다른 즐거움이다.

왼쪽 모든 료칸이 객실에서 석찬을 제공하지는 않는다. 일부 료칸은 잠자는 공간을 음식 냄새로 채우는 것을 꺼린다. 카이 닛코 역시 마찬가지인데, 가이세키를 먹기 위해 식사 공간까지 가벼운 산책을 즐길 수 있다.

식사 공간 주변에 있는 노 무대는 공연용은 아니지만 아름답다. 독특한 스타일과 정원을 그대로 옮겨놓은 이케바나가 보는 이의 시선을 단번에 사로잡는다.

자연, 역사, 그리고 즐거움. 카이 닛코는 이 세 가지를 모두 갖추고 있다. 도쿄에서 북쪽으로 몇 시간만 가면 되는 닛코 지역 한가운데 자리 잡은 료칸으로, 이 지역은 사람들이 많이 찾는 1박 여행지다. 특히 유네스코 세계문화유산으로 지정된 도쇼구신사에는 많은 관광객이 몰린다. 카이 닛코는 주젠지호수의 가장자리와 맞닿아 있는데, 이 호수는 약 2,000년 전 지역에서 가장 활발한(그러나 현재는 휴면 상태인) 화산이자 2,486미터를 육박하는 난타이산이 폭발하면서 생겼다. 특히 호수 가장자리와 주변 산세가 온통 울긋불긋하게 물드는 가을에는 한 폭의 그림과 같은 절경이 펼쳐진다.

카이 닛코의 창문은 자연을 고스란히 담아낸다. 곳곳에서 호수를 내다볼 수 있는데, VIP 스위트에서는 주젠지호수와 난타이산까지 볼 수 있다. 내부 객실은 카이 브랜드답게 서양식과 일본식이 적절히 섞여 있다. 전통적인 다다미 바닥에는 이불 대신 서양식 침대가 놓여있고 일본 삼나무 또는 대리석으로 만든 실내 욕조가 마련되어 있다. 좀 더 자세히 살펴

카이 닛코는 호수 옆에 자리 잡고 있어 객실과 공용 공간에서 아름다운 호수 전경을 감상할 수 있다. 1년 내내 자연을 즐길 수 있지만, 울긋불긋한 단풍이 장관을 이루는 가을이 가장 좋다.

보면 더욱 세심한 손길을 느낄 수 있다. 카이 호시노 리조트는 니혼베드 회사와 협업해 수면 침대를 제작했다. 카이에 따르면 편의에 따라 조정할 수 있어 '마치 구름 위에 있는 듯한 기분'을 느낄 수 있다고 한다. 또한 자체적으로 유카타를 만들었는데, 일반적으로 료칸에서 볼 수 있는 무명천 대신 100퍼센트 리넨으로 제작해 닛코의 추운 겨울에는 몸을 따스하게 해주고 무더운 여름에는 열기를 금방 식힌다.

석찬과 조찬은 모두 구분되어 있는 공용 공간에서 한다. 나무로 만든 우아한 노 무대를 지나 식사 공간까지 걸어갈 수 있다. 지역에서 공수한 재료로 만든 요리는 모두 맛이 뛰어나다. 조찬에는 닛코의 특산품인 유바(두부껍질)가 나오고 석찬에는 여러 코스 요리로 구성된 가이세키가 준비된다. 계절에 따라 돌로 만든 상자에 넣어 찐 쇠고기 요리와 숙성시킨 사케에 절인 새우에 라임을 곁들인 요리, 또는 구운 붕장어 요리가 상에 오른다.

료칸에 지역 전통을 반영하는 카이의 콘셉트에 따라 카이 닛코에서도 매일 석찬 후 직원이 닛코 게타 춤을 선보인다. 지역 전통의 나막신인 게타를 신고 추는 일종의 탭 댄스로, 게타는 지역 장인이 닛코의 가장 유명한 볼거리인 도쇼구신사가 지어진 지 얼마 되지 않았을 무렵부터 수백 년에 걸쳐 만들어온 독특한 신발이다.

도쇼구신사 또한 가까이에 있다. 카이에서 무료로 제공하는 버스를 타고 40분 가까이 달려 산을 내려가면 신사에 도착한다. 도쇼구는 전쟁으로 갈등을 겪던 일본을 통일한 후 에도 시대의 초대 쇼군이 된 도쿠가와 이에야스를 기리기 위해 만들어진 신사다. 일본 역사에서 중요한 인물로 손꼽히는 만큼 도쇼구신사는 화려하고 웅장하다. 짙은 붉은색의 5층탑과 지붕이 달린 출입구 요메이몬이 특히 인상적이다. 요메이몬의 500여

오른쪽 온천탕 옆 라운지 공간 역시 특별하다. 넓은 공간 덕분에 온천욕 전후로 긴장을 풀고 휴식을 취하기에 안성맞춤이다. 특히 다다미에 있는 맞춤형 쿠션에서 다른 사람의 시선을 의식하지 않고 편히 쉴 수 있다.

왼쪽 객실에서는 일본식과 서양식 요소를 모두 찾아볼 수 있다. 다다미와 미닫이문 등 대표적인 료칸 스타일을 따르고 있지만 광을 낸 바닥과 침대 또한 마련되어 있다. 두 가지 다른 스타일을 완벽하게 반영하는 료칸은 사실 많지 않다. 특히 서양식 요소가 칙칙해 보이거나 낡아 보이기 쉬운데, 카이 닛코는 완벽한 조화를 이루어냈다.

개가 넘는 새와 춤추는 여인, 용, 꽃 모양의 정교한 조각은 검은색과 금색, 붉은색, 녹색 등으로 칠해져 있다. 또한 카이에서 멀지 않은 곳에 길이가 100미터에 달하는 게곤폭포가 있어 시원하게 떨어지는 물줄기를 감상할 수 있다. 그러나 무엇보다도 카이 자체가 훌륭한 볼거리로, 시간이 지나도 변치 않는 일본 고유의 경험을 선사한다.

위 온천탕에 떠다니는 향나무 공 역시 투숙객을 위한 작지만 세심한 배려다. 부드럽고 달콤한 향기를 내뿜는다.

왼쪽 곳곳에서 찾아볼 수 있는 섬세한 손길과 배려. 객실은 생생한 이케바나로 꾸며져 있다. 시간이 지나도 변치 않는 이케바나는 전통적인 인테리어와 현대적인 분위기에 모두 잘 어울린다.

오른쪽 석찬에 오르는 가이세키의 일품요리 중 하나가 바로 지역에서 공수한 쇠고기다. 조리법에 따라 쇠고기를 돌로 만든 상자에 넣고 쪄서 먹기도 하는데, 육즙이 그대로 살아있어 입 안에서 살살 녹는 맛을 느낄 수 있다.

유니시가와온천, 닛코

혼케 반큐

혼케 반큐本家伴久

주소: 〒321-2601 栃木県日光市湯西川749

전화번호: 0288-98-0011

웹사이트: www.bankyu.co.jp

이메일: info@bankyu.co.jp

객실 수: 45

객실 요금: ¥¥¥

도쿄 근처에 있는 료칸 중 혼케 반큐만큼 도심과 멀리 떨어진 듯한 인상을 주는 곳은 찾기 힘들다. 오랜 역사를 자랑하는 료칸으로, 헤이케 일가(사진은 매년 개최되는 역사 재현 현장의 모습)가 이 지역을 다스렸던 에도 시대 전부터 계속 손님을 맞고 있다.

위와 오른쪽 되도록 오래된 본관 객실에서 묵는 것이 좋다. 세월의 흔적이 고스란히 느껴지는 묵직한 기둥과 소박한 바름벽에서 정겨운 분위기를 느낄 수 있다.

유네스코 세계문화유산으로 지정된 도쇼구신사의 고장이자 도쿄에서 북쪽으로 2시간만 가면 도착하는 도치기현에 자리한 료칸이다. 유니시가와온천은 관광객으로 늘 북적이는데도 불구하고 바쁘게 돌아가는 현대의 삶과는 전혀 상관없는 곳처럼 느껴진다.

20세기 말 헤이케 일가는 겐지 일가와의 전쟁에서 후퇴한 후 이곳에 터를 잡았다. 두 일가는 이후 마침내 평화를 위해 화해했다. 헤이케 일가의 후손이 1500년대 말 천연 온천을 발견했고, 여행객이 미네랄이 풍부한 온천수에 몸을 담그고 피로와 통증을 치료할 수 있도록 료칸을 세웠다. 25세대가 흐른 오늘날, 헤이케 일가의 후손들이 여전히 혼케 반큐를 운영하고 있다.

2개의 건물을 채우고 있는 45개의 객실은 전통적이지만 여전히 시골스러운 분위기를 자아낸다. 본관의 바름벽은 시간이 지나면서 어두워진 기둥과 다다미 바닥과 대조를 이룬다. 고급 객실 일부에는 화로(이로리라고 부른다)가 놓여있다. 총 3개의 객실은 전용 노천탕을 갖추고 있어 목욕을 하면서 졸졸 흐르는 유니시강을 감상할 수 있다. 4층으로 이루어진 두 번째 건물에는 주로 아이들을 데려온 가족이 머문다. 본관의 조용하고 평온한 분위기를 유지하기 위해서다. 두 번째 건물의 디자인은 본관과 매우

왼쪽 위 석찬 장소로 가려면 덩굴로 만든 구름다리를 건너야 한다. 요리와 함께 사케를 마셨다면 더욱 흥미로운 모험이 될 것이다.

오른쪽 위 500년이 넘는 세월 동안 이 온천은 굳건히 자리를 지켜왔다. 혼케 반큐 역시 비슷한 역사를 자랑한다. 놀랍게도 아직도 같은 가문이 료칸을 운영하고 있다.

이곳에서는 사진처럼 이로리에 둘러앉아 꼬치가 익을 때까지 기다리며 시골 특유의 여유롭고 한적한 석찬을 즐길 수 있다.

비슷하지만, 외관이 조금 더 현대적이고 내부가 살짝 더 환하다.

석찬에서도 소박함을 느낄 수 있다. 조찬은 뷔페식이지만 석찬은 이로리가 놓인 넓은 공간에서 이루어진다. 투숙객이 좌식 테이블에 앉으면 숯으로 구운 민물 생선과 뜨거운 냄비 요리 등 지역 특산품을 활용한 요리가 나온다. 모든 음식에는 지역에서 만든 여러 종류의 사케(탁한 니고리슈를 비롯해)와 와인을 곁들인다. 옛날 일본을 더욱 실감 나게 보여주려는 듯 식사 장소까지 가려면 본관을 나와 강 위로 연결된 구름다리를 건너야 한다. 여름철에는 반딧불이도 볼 수 있다.

온천 역시 빼놓을 수 없는 요소다. 강을 따라 울퉁불퉁한 돌 모양의 공용 노천탕이 갖추어져 있으며 따로 예약해서 사용할 수 있는 개인 온천도 있다. 두 곳 모두 주변에서 샘솟는 천연 온천수를 끌어다 쓰는데, 신경통에 좋다고 알려진 따뜻한 물에 몸을 담그고 휴식을 취할 수 있을 뿐만 아니라 강 옆으로 펼쳐지는 풍경을 눈과 귀에 담을 수 있다.

반큐는 꽤 외진 곳에 위치하지만, 주변 지역에 볼거리가 매우 많다. 반큐에 하얀 눈이 소복하게 쌓이는 2월이 되면 가마쿠라 축제가 열린다. 작은 이글루를 만들기도 하고 반큐 정원에 얼음 조각상을 전시하기도 한다. 무더운 여름에는 강에서 맨손으로 물고기를 잡거나 반딧불이를 찾아 모험을 떠나도 좋다. 6월에 반큐를 방문하는 운이 좋은 투숙객은 해마다 유니시강에서 열리는 큰 행사인 헤이케 대축제에 참여할 수 있다. 전통 의상을 입은 사람들이 행렬을 하기도 하고 지역 장인이 솜씨를 선보이기도 하며 헤이케 일가와 겐지 일가 사이의 전투를 재현하기도 한다. 계절에 상관없이 반큐에서 묵는 것만으로도 시간을 거슬러 올라가는 듯한 진귀한 경험을 할 수 있다.

교토 · 나라

시다 산소, 아오이 가모가와테이, 기온 하타나카, 히이라기야, 긴마타,
기온긴표, 세이코로, 호시노야 교토
스이센 20 12-19
22 와카사 벳테이
21 시키테이

교토 동북부

요시다 산소

요시다 산소吉田山荘

주소: 〒606-8314 京都府京都市左京区吉田下大路町59-1
전화번호: 075-771-6125
웹사이트: www.yoshidasanso.com
이메일: ask@yoshidasanso.com
객실 수: 5
객실 요금: ¥¥¥¥

한때 황실가 소유였던 요시다 산소에는 개인 저택에서 느낄 수 있는 친밀함이 그대로 살아있을 뿐만 아니라 전통 료칸의 대표적인 요소들이 곳곳에 뒤섞여 있다.

왼쪽 아름다운 요시다 산소의 정원에서 부는 선선한 바람에 가벼운 여름용 가리개가 살랑거린다.

오른쪽 맨 위와 오른쪽 위 식사와 함께 오카미는 와시 종이에 요즘에는 잘 찾아볼 수 없는 헨타이가나 붓글씨로 전통 시 와카를 직접 써서 투숙객에게 선물한다.

요시다 산소에서는 황실의 유산과 교토의 전통을 모두 찾아볼 수 있다. 교토 동쪽에 있는 36개의 작지만 아름다운 봉우리 중 하나인 요시다산 구릉에 자리한 이 료칸은 1932년 현재 일본 천황의 삼촌을 위한 두 번째 저택으로 지어졌다. 당시 그는 교토대학교에 재학 중이었다. 그러다가 1948년 료칸으로 문을 열었다.

이곳은 일본 정부가 지정한 중요 문화재다. 2층으로 이루어진 요시다 산소는 도목수 니시오카 츠네카즈가 만들었는데, 그는 생전에 역사적인

입구의 모습. 요시다 산소에 들어서자마자 투숙객은 황실가를 위해 저택을 만든 도목수 니시오카 츠네카즈의 손길에 깊은 감명을 받는다.

신사와 불교 절을 복구하는 작업에 참여하면서 국가 문화재로 지정되었으며 문화공로자상을 받기도 했다. 니시오카가 디자인한 요시다 산소는 일반적인 전통 료칸과는 뚜렷한 차이점을 보인다. 동서양의 건축 양식이 만나 오묘한 조화를 이루고 있는데, 히노키로 전통적인 느낌을 살리는 동시에 쪽모이 세공과 아르데코에서 영감을 받은 스테인드글라스 창문으로 독특한 매력을 더했다. 기와와 미닫이문 손잡이에 새겨진 국화 모양에서 건물의 뿌리를 알 수 있다. 뿐만 아니라 다다미 바닥과 서양식 변기가 만나 동서양의 가장 이상하면서도 흥미로운 조화를 이룬다.

객실에는 다다미 8장 또는 10장이 들어가며 방에서 내다보는 경치가 매우 아름답다. 위층으로 올라가면 히에이산과 뇨이가타케 정상에 있는 커다란 다이몬지(음력 7월 15일 밤, 우란분재 행사로 뇨이가타케에서 큰대자 모양으로 피우는 횃불-옮긴이) 형상이 더욱 잘 보인다. 해마다 8월에는 다이몬지 고잔 오쿠리비 축제가 열리는데, 도시 어디에서든 잘 보이도록 높은 산자

위 1층에 위치한 객실에서 정원의 멋진 풍경을 볼 수 있다.

반대쪽 요시다 산소 곳곳에는 남다른 매력이 숨어있다. 다른 료칸처럼 종이를 바른 미닫이문 대신 갈대를 엮어 만든 문을 달아 실내 분위기를 한층 더 독특하게 연출했다. 1층에 있는 화장실 역시 이곳만의 특징인데, 다다미 바닥에 서양식 변기가 놓인 진풍경을 볼 수 있다.

락에 다이몬지를 세운다. 아래층 객실에서는 요시다 산소의 푸르른 정원으로 바로 나갈 수 있다. 봄에는 분홍색과 흰색의 벚꽃이 만발하고 여름에는 활기 넘치는 진달래가 고개를 내민다. 마당에서 열리는 고토 연주회를 제외하면 사계절 내내 고요함과 평온함을 즐길 수 있다.

객실은 5개뿐이지만, 요시다 산소는 투숙객에게 특별한 추억을 선물한다. 대개 료칸에서는 하룻밤만 묵는 것이 일반적인데, 요시다 산소를 찾는 사람들은 2~3일을 예약하는 경우가 많다. 투숙객의 발길이 끊이지 않는 또 다른 이유는 바로 다양한 식사가 제공되기 때문이다. 매일 저녁 가이세키(물론 제철 재료로 만든 요시다 산소의 코스 요리는 한 번쯤은 맛볼 만하다)를 먹지 않아도 된다. 어떤 요리를 선택하든 식사와 함께 오카미가 직접 쓴 시 한 편이 나온다. 아름다운 서체로 쓴 붓글씨를 헨타이가나라고 부르는데, 1,200여 년 전 헤이안 시대부터 내려오는 오래된 전통이다. 하지만 요즘에는 예전처럼 인기가 많지 않다.

좁은 길과 작은 사찰 및 신사 등 료칸 주변에서도 역사적 유물을 만날 수 있다. 전통적인 교토의 아름다움을 가감 없이 보여주는 곳들이다. 동쪽으로 800미터 정도 떨어진 곳에는 교토의 가장 전통적인 신사가 자리 잡고 있다. 바로 15세기에 지어진 긴카쿠지다. 은각사라는 이름으로도 잘 알려져 있다(화려한 장식은 전혀 찾아볼 수 없는 소박하고 절제된 절이므로 적절한 이름은 아니다). 근처에 있는 아름다운 철학자의 길을 따라 남쪽으로 걸어가면 이끼가 잔뜩 낀 정원이 마치 한 폭의 그림 같은 절, 호네닌이 모습을 드러낸다. 더 내려가면 난젠지와 헤이안진구와 같은 관광 명소에 다다른다. 특히 특유의 붉은색이 인상적인 헤이안진구의 입구 토리는 멀리 떨어진 요시다 산소의 2층에서도 잘 보일 정도로 크다. 앞서 설명한 것처럼 곳곳에 역사가 살아 숨 쉬고 있다.

오른쪽 정원을 거닐 때는 게타를 신는다. 게타를 신고 돌길을 따라 마음껏 산책하려면 연습이 필요하다. 하지만 오히려 서두르지 않고 정원 구석구석을 감상할 수 있다.

왼쪽 교토에서는 한 세대에서 다음 세대로 전통을 대물림한다. 요시다 산소의 오카미와 그녀의 뒤를 이어 새로운 오카미가 될 딸의 모습.

교토 중심부

아오이 가모가와테이

아오이 가모가와테이葵 鴨川邸

주소: 〒600-8013 京都府京都市下京区木屋町通仏光寺上る天王町145-1

전화번호: 075-354-7770

웹사이트: www.kyoto-stay.jp

이메일: aoi@kyoto-stay.jp

객실 수: 5명까지 숙박 가능

객실 요금: ¥¥¥¥(숙소당 가격, 식사 미제공)

아오이 가모가와테이에 있는 병풍에서 옛날 교토의 모습을 볼 수 있는데, 오래된 전통 가옥 마치야에서 보내는 하룻밤 역시 마찬가지다.

교토를 가로지르는 가모강 옆에 자리 잡고 있으며, 이름 역시 강에서 따왔다. 아름다운 풍경을 감상할 수 있는 아오이는 또한 오래된 니시키코지 시장과 폰토초에 있는 음식점, 기온 게이샤 거리와도 매우 가깝다.

21세기에 어울리는 교토의 전통 가옥 마치야로, 100년의 세월을 자랑하는 아오이 가모가와테이는 옛것과 새것이 완벽한 조화를 이루는데, 그 역사 또한 매우 흥미롭다. 사케를 저장하는 보관창고로 쓰였다가 교토의 오래된 폰토초 게이샤 거리에서 일했던 견습 게이샤 마이코의 집이 되었다.

이 오래된 전통 가옥은 여전히 일본 특유의 분위기로 가득하지만, 예전 마이코가 살았던 시절에 비해 모양새가 많이 바뀌었다. 예컨대 1층에 있는 거실에는 높게 올린 다다미 바닥 한가운데 좌식 테이블이 놓여있다. 그 옆으로 현대식 나무 바닥과 가죽 소파가 자리 잡고 있으며 하얀 벽에 걸린 기다란 전통 병풍이 눈길을 사로잡는다. 위층에는 일본식으로 꾸며진 2개의 침실이 마련되어 있는데, 한 곳에는 이불이, 다른 곳에는 침대 교토 중심부에서는 게이샤(교토에서는 게이코라고 부른다) 또는 마이코(견습 게이샤)가 아닌데도 우아한 고급 기모노를 입고 다니는 사람들을 쉽게 볼 수 있다. 료칸이나 음식점에서 일을 하거나 특별한 행사 때문에 기모노를 입기도 하고, 일본 문화를 체험하기 위해 입기도 한다. 오랜 역사를 지닌 교토와 전통 기모노가 매우 잘 어울린다.

가 놓여있다. 역시 동서양 요소들이 만나 조화를 이루는 좋은 예다. 침실 옆에는 강이 보이는 서재가 있어 책 한 권을 손에 들고 편안하게 앉아 교토를 가로지르는 가모강의 모습을 감상할 수 있다.

아오이 가모가와테이는 료칸보다는 마치야에 가깝다. 그렇게 때문에 화려한 가이세키 요리는 나오지 않는다. 대신 숙박료가 합리적이며, 교토 맛집을 탐방할 수 있는 기회가 주어진다. 아오이 가모가와테이는 교토 중심부에 위치하고 있어 조금만 나가면 다양한 맛있는 음식을 저렴한 가격에 즐길 수 있다. 마치야에서 식사를 하고 싶다면 아침, 점심, 저녁 세 끼를 근처에 있는 여러 식당에서 배달시켜 먹을 수도 있다. 북쪽으로 걸어가 교토의 가장 오래된 시장인 니시키코지에 들르거나 시조도리에 있는

백화점 지하 음식 코너에서 점심 도시락이나 음식을 포장해와서 먹어도 된다. 니시키코지와 시조도리 모두 걸어서 갈 수 있는 거리에 있다.

아오이 가모가와테이 주변에는 먹거리 외에도 교토를 대표하는 볼거리가 많다. 가장 먼저 마치야는 한두 시간 산책을 하거나 휴식을 취하기에 안성맞춤인 가모강 옆에 자리 잡고 있다. 강을 건너 북동쪽으로 15분 정도 걸어가면 목조 건물이 길게 늘어선 기온 게이샤 거리가 나오는데, 고급 레스토랑부터 간단한 먹거리 등을 파는 가게가 즐비하다. 니시키코지 시장 동쪽 입구부터 북쪽으로 이어지는 테라마치 아케이드 상점가에 있

왼쪽 아오이의 마치야에는 전통과 현대가 묘하게 섞여 있다. 사진에 보이는 방은 현대적인 가구로 꾸며져 있지만, 동시에 옛 느낌과 오늘날 감성을 모두 느낄 수 있다.

맨 위 불교에서 나쁜 기운을 쫓아낸다고 알려져 있는 시시 사자상 2개가 입구 옆에 나란히 놓여있다.

위 아오이의 은은한 인테리어에서 일본의 정취를 느낄 수 있다. 세세한 디테일이 모여 전체적인 분위기를 완성한다.

는 전통 가게를 둘러보는 것도 재미있다. 여러 역에서 10분 거리에 있을 뿐더러 버스 정류장도 가까워 교토가 자랑하는 관광지로 쉽게 이동할 수 있다. 물론 관광 대신 조용한 마치야에서 하루 종일 휴식을 취하는 것 역시 탁월한 선택이다.

교토 중심부

기온 하타나카

기온 하타나카祇園畑中

주소: 〒605-0074 京都府京都市東山区祇園町南側505

전화번호: 075-541-5315

웹사이트: www.thehatanaka.co.jp

이메일: kyoto@thehatanaka.co.jp

객실 수: 23

객실 요금: ¥¥¥¥

교토에서 흔히 볼 수 있는 고급 료칸 같지만, 사실 하타나카는 아름다운 정원과 감각 있는 인테리어와 더불어 색다른 교토의 매력을 보여준다. 저녁에는 최고급 요리와 함께 마이코의 공연을 즐길 수 있다.

하타나카는 야사카신사와 기온 게이샤 거리를 구분 짓는 좁지만 매력 넘치는 골목에 있다. 교토 중심부의 유적지를 둘러보기에 완벽한 위치다.

기온 하타나카를 한 마디로 표현하자면, 전형적인 료칸에 공연 요소가 더해진 공간이라고 할 수 있다. 기온 하타나카는 료칸의 기본 조건을 모두 갖추고 있다. 다다미 바닥이 깔린 객실은 넓고 환하며, 종이를 바른 미닫이문 너머로 대나무 정원이 시선을 사로잡는다. 도코노마에는 붓글씨가 걸려있고 네모난 좌식 테이블의 매끄러운 표면이 불빛을 반사한다. 커다란 공중온천탕에서도 전형적인 료칸 요소를 찾아볼 수 있다. 각 객실에는 은은한 향이 나는 삼나무 욕조가 준비되어 있다.

식사 또한 료칸에서 흔히 볼 수 있는 요리들로 구성되어 있다. 교토의 료칸답게 기온 하타나카는 도시의 오래된 가이세키 전통의 맥을 잇는다. 지역의 제철 농산물로 만든 자그마한 요리가 줄지어 손님상에 오른다. 또한 교토의 불교 영향을 받아 채식 요리도 선보인다. 봄에는 교토 니시야마 지역의 죽순을 맛볼 수 있고 여름에는 유명한 하모(갯장어)를 먹을 수 있다. 많은 사람이 일본 음식을 즐기기에 가장 좋은 시기라고 말하는 가을에는 흙 내음이 나는 송이버섯구이 또는 탕이 나오며 겨울에는 대게 같은 고급 식재료를 이용한다. 기본적인 재료 역시 신중한 과정을 거쳐야 이곳 주방에 들어올 수 있다. 간장은 교토 사와이와 시코쿠의 쇼도시마에서 가져오고, 바다 소금은 난키에서 만든 것을 사용한다. 탄바에서 수확한 키누히카리 쌀과 아이치에서 공수한 미카와미림도 주재료에 포함된다. 그야말로 일본에서 손꼽히는 식재료만이 손님상에 오를 수 있다.

요리 자체와 차림새는 전형적인 교토 스타일이지만, 기온 하타나카가

왼쪽 객실은 크지 않은 편이지만, 곳곳에서 료칸의 전형적인 요소들을 살펴볼 수 있다.

아래 가이세키는 음식을 담아내는 방식에 있어서도 제철 재료를 십분 활용한다. 대나무를 잘라 만든 그릇에 나뭇잎을 덮어 장식했다.

다른 료칸과 차별화되는 이유는 바로 공연 때문이다. '마이코와의 저녁식사'라는 옵션을 선택할 수 있는데, 견습 게이샤(마이코라고 부른다)가 전통춤을 선보이고 고토를 연주하며 사케를 대접한다. 식사 중인 손님들과 대화도 나누는데, 쉽게 접할 수 없는 게이샤의 세계를 잠깐이나마 경험할 수 있는 좋은 기회다. 뿐만 아니라 기온 하타나카에서는 가이세키와 함께 검무를 즐기는 등 사무라이의 삶에 대해 배울 수 있다(검을 직접 만져볼 수도 있다).

기온 하타나카는 기온시조역과 한큐 가와라마치역에서 10분 정도 떨어져 있어 교토와 히가시야마 지역을 둘러보기에 완벽한 위치다. 북쪽에는 650년대에 지어졌으며 매년 7월 기온 마츠리가 열리는 야사카신사가

하타나카에서 펼쳐지는 저녁 공연. 이곳에서 묵지 않는 일반 방문객도 관람할 수 있다. 단연 가장 재미있는 볼거리로, 이 지역의 마이코가 전통 음악을 연주하고 춤을 추는 모습을 가까이에서 볼 수 있는 흔치 않은 기회다.

자리 잡고 있다. 기온 마츠리는 교토에서 열리는 가장 큰 축제로, 꽃수레와 신전을 올린 가마 행렬이 거리 곳곳을 누빈다. 서쪽으로 조금만 걸어가면 찻집과 게이샤로 유명한 기온 지역이 나온다. 시조도리와 가와라마치의 크고 작은 상점들도 둘러볼 수 있다. 계속해서 걷다 보면 천장이 달린 니시키코지 시장에 도착하는데, 각종 특산품과 주방용품을 파는 작은 상점들로 가득하다. 교토의 멋스러움을 만끽할 수 있는 오래된 골목길과 경사진 거리를 따라 남쪽으로 내려가면 유네스코 세계문화유산으로 지정된 기요미즈사가 나온다. 한 걸음씩 내디딜 때마다 깊고 깊은 교토의 매력에 빠져들 것이다.

교토 중심부

히이라기야

히이라기야는 교토에서 가장 오래되고 유명한 료칸 중 하나다. 1818년에 세워졌으며 이후로 같은 가문에서 관리하고 있다. 료칸은 신관과 구관 총 2개로 나누어져 있다(사진에 보이는 곳은 중앙 마당).

히이라기야柊家

주소: 〒604-8094 京都府京都市中京区麩屋町姉小路上ル中白山町

전화번호: 075-221-1136

웹사이트: www.hiiragiya.co.jp

이메일: info@hiiragiya.co.jp

객실 수: 28

객실 요금: ¥¥¥¥

왼쪽 돌로 포장된 길을 따라가면 이케바나로 장식된 히이라기야의 입구에 다다르는데, 시간을 거슬러 과거로 돌아간 듯한 느낌을 준다.

아래 히이라기야에서 가장 오래된 객실 중 한 곳의 모습. 가장 아름다운 객실 중 한 곳이기도 하다. 세월의 흔적이 부드럽게 남아있는 인테리어와 이끼가 낀 개인 정원이 인상적이다. 1968년 노벨문학상 수상자인 가와바타 야스나리가 매번 히이라기야를 방문할 때마다 왜 이 방을 요청했는지 알 수 있다.

1968년 노벨문학상을 수상한 가와바타 야스나리는 히이라기야를 이렇게 묘사했다. “바로 이곳에서…… 나는 그 옛날 일본에서 볼 수 있었던 평온함을 애석한 마음으로 떠올려본다.” 오늘날 가와바타가 살아 있다면, 그리고 여전히 교토의 히이라기야를 제2의 고향이라고 부른다면, 히이라기야에 대한 그의 생각은 바뀌지 않을 것이다. 그 옛날 일본의 모습이 바로 이곳에 살아 숨 쉬고 있다. 손에 꼽을 정도로 소수의 료칸만이 오늘날까지 일본의 옛 정취를 이어오고 있다.

1818년 처음 문을 연 이후 같은 가문에서 운영해오고 있는 히이라기야는 교토의 다른 료칸과 마찬가지로 처음부터 숙박비를 내는 투숙객을 위한 여관은 아니었다. 원래는 이곳을 소유한 가문이 거래하는 상인에게 제공하는 숙소로 쓰였다. 히이라기야의 여섯 번째 오카미인 니시무라 아케미는 오늘날 전통 료칸의 본질은 집에 찾아온 손님을 반갑게 맞이하고 가족처럼 극진히 대접하는 마음가짐에서 비롯된다고 설명한다. 손님이 숙소에 잠시 머무는 것이 아니라 마치 고향으로 돌아온 듯한 기분이 들도록 최선을 다해야 한다는 것이다. 그렇기 때문에 오카미는 모든 손님을 정성껏 돌보는 어머니와 같은 역할을 맡게 되었다. 여러 세대에 걸쳐 히이라기야의 오카미는 오스카 수상자와 왕족, 그리고 정치인 등 수많은 고위 인사와 지식인, 유명인의 어머니 역할을 도맡아왔다.

히이라기야의 객실 중 4개는 료칸이 처음 문을 열 때부터 있었던 것으로, 가와바타는 이 중 한 곳에서 시대를 뛰어넘는 평온함에 대한 글을 썼다. 오늘날 객실을 찾는 손님들은 료칸 특유의 인테리어에 감탄한다. 다다미 바닥과 종이를 바른 미닫이문, 세월의 흔적이 느껴지는 진한 빛깔을 띤 나무, 히이라기야에서만 볼 수 있는 갈대를 엮은 아지로 천장, 화려한 장식이 인상적인 에도 시대의 후스마(나무틀에 두꺼운 종이를 바른 문-옮

위 코스 요리인 가이세키 초반에 나오는 음식. 메뉴는 계절에 따라 바뀌는데, 어떤 음식이 나오든 그 맛이 일품이다.

오른쪽 오래된 객실의 병풍 문은 대부분 중요 문화재로 등록되어 있다. 이 료칸은 또한 손님의 '어머니' 역할을 자처하는 숙련된 오카미와 그녀가 제공하는 훌륭한 환대로도 유명하다.

아래 신관 객실은 보다 현대적인 분위기를 자아낸다. 하지만 디자인에서부터 장인의 솜씨에 이르기까지 전통의 아름다움이 그대로 녹아있다.

긴이) 등이 투숙객을 맞이한다. 특히 후스마는 중요 문화재로 지정되기도 했다. 객실에서 어두운 이끼와 디딤돌로 꾸며진 작지만 아기자기한 정원으로 바로 나갈 수 있거나 내려다볼 수 있다. 히이라기야는 또한 교토의 유명 관광지와도 가까워 걸어서 니조성과 교토황궁공원까지 갈 수 있다. 하지만 멋진 객실 내부 덕분에 밖으로 나가는 것이 결코 쉽지 않다.

작은 정원이 있거나 정원 풍경이 내려다보이는 신관 객실에서 료칸 특유의 분위기를 느낄 수 있다.

교토의 오래된 료칸이 그렇듯 일부 객실은 크기가 작은 편이다. 따라서 방의 크기가 중요하다면 반드시 넓은 방을 예약해야 한다. 공간은 작지만 곳곳에 멋진 요소들이 녹아있다. 이 에도 시대 병풍 문의 경우 잘게 부순 조개껍질로 부채를 만들었다. 가까이에서 보면 입체감이 더욱 선명하게 느껴진다.

위와 오른쪽 구관 객실은 대부분 작은 전용 정원으로 연결되어 있거나 정원이 내려다보이도록 꾸며져 있다. 별이 반짝이는 밤하늘처럼, 오래 볼수록 정원의 세세한 부분이 시선을 사로잡는다. 가장 먼저 눈길이 가는 곳은 물론 석탑과 오래된 이끼이지만, 정원의 동선을 따라 신중하게 배치된 돌길 역시 무척 아름답다.

아래 신관에 있는 온천탕이 가장 좋다. 은은한 향이 퍼지는 나무 욕조가 있어 교토 구석구석을 탐방하고 돌아와 오랫동안 몸을 담그기에 더할 나위 없이 좋다.

빛이 더 잘 들어오는 신관에는 7개의 객실이 마련되어 있다. 2006년에 신관 재건이 마무리되었다. 객실마다 독특한 특징을 자랑하지만, 모두 전통과 장인 정신을 바탕으로 한다는 점이 같다. 다다미 바닥이 망월대까지 이어진 객실도 있고 도코노마의 나무 병풍을 옆으로 밀면 전통식으로 꾸며진 정원이 보이는 방도 있다. 오카미는 "빛과 생동감 넘치는 색감, 그리고 전통적인 디자인과 방식을 모두 활용해 옛것과 새것을 하나로 합친 것이 테마"라고 설명한다. 일본의 중요무형문화재인 나카가와 키요츠구의 작품을 직접 만날 수 있는 객실도 있다. 그는 반쯤 석화되어 연한 회색빛을 띨 때까지 땅에 묻어둔 수천 년도 더 된 진다이 삼나무로 벽과 가장자리를 마무리했는데, 나뭇결이 완벽하게 맞아 떨어진다.

히이라기야에서는 전형적인 교 요리(교토식 요리)를 선보이는데, 12개의 요리를 객실에서 즐길 수 있다. 모든 음식은 우아한 도자기와 칠기 그릇에 담아내는데, 먼저 지역에서 만든 사케를 마신 다음 두어 시간 동안 느긋하게 음식을 먹는다. 제철 재료로 만든 전채 요리(생강을 넣은 다시 국물에 가지와 쇠고기 등심을 넣고 끓인 요리처럼)가 나오고 순무와 우엉, 국화를 곁들인 붕장어 요리와 유자 미소국 등이 상에 오른다. 시간이 지나도 변치 않는 맛이 시대를 초월하는 경험을 완성한다.

교토 중심부

긴마타

긴마타近又

주소: 〒604-8044 京都府京都市中京区御幸町四条上ル大日町407

전화번호: 075-221-1039

웹사이트: www.kinmata.com

이메일: kaiseki@kinmata.com

객실 수: 7

객실 요금: ¥¥¥

교토 중심지의 현대적인 거리에 자리 잡고 있지만 진정한 전통을 느낄 수 있는 곳이다. 입구의 석탑을 지나 안으로 들어가는 순간 과거로 돌아간 듯한 기분이 든다.

오른쪽 로비에 올라서면 부드럽게 삐걱거리는 소리가 반갑게 맞이한다. 건물의 오래된 세월을 은근히 과시하는 듯하다. 료칸 전체가 우아하게 나이를 먹는 교토의 귀부인 같은 인상을 준다.

반대쪽 작지만 아름다운 정원을 모든 객실에서 감상할 수 있다.

왼쪽 긴마타의 건물 정면은 일본에서 가장 아름답다고 말할 만하다. '옛날 교토'를 온몸으로 보여주는 전통 가옥 마치야 스타일로, 일본이 공식 지정한 유형문화재라는 사실이 전혀 놀랍지 않다.

1801년에 세워졌으며 현재는 교토 중심지의 전통 가옥 마치야 구역에 자리 잡고 있다. 긴마타는 그야말로 교토 그 자체다. 바쁘게 돌아가는 오늘날 일상에서 잠시 몸을 피할 수 있는 은신처이기도 하다. 옛것을 그대로 받아들이고 일본의 미와 접대 문화를 몸소 체험하는 동시에 최고로 손꼽히는 옛 도시의 전통 음식을 맛보기에 완벽한 장소다.

일본 정부가 국가 유형문화재로 공식 지정할 정도로 건물 자체가 교토의 옛 모습이라고 할 수 있다. 7개의 객실 중에는 야외와 연결된 방도 있고 작은 정원이 내려다보이는 방도 있다. 다다미 바닥 한가운데 놓인 좌식 칠기 테이블에 앉아 종이를 바른 미닫이문 너머로 정원을 감상할 수 있다. 졸음이 몰려오는 여름에는 문 대신 갈대로 만든 전통 발을 달아 통풍과 냉방을 원활하게 한다. 전기가 발명되기 훨씬 전부터 일본에서는 사시사철 바뀌는 계절을 고려해서 건물을 지었음을 알 수 있다.

긴마타의 주인은 요리사이기도 하다. 일품요리가 전문인만큼 요리 료칸이라고 소개하기도 한다. 실제로 긴마타는 최고급 가이세키 레스토랑이기도 하다. 료칸에서 숙박하지 않는 일반 방문객도 이곳에서 점심과 저녁 식사를 할 수 있다. 투숙객은 계절마다 메뉴가 바뀌는 코스 요리를 객실 또는 식당에서 즐길 수 있다. 6대에 걸쳐 전해 내려온 앤티크 도자기 그릇과 칠기 그릇에 정갈하게 음식을 담아낸다. 봄에는 제철 꽃인 벚꽃에서 영감을 얻은 구운 붉돔 요리 등이 나오는 반면 여름에는 바다 뱀장어를 이용한 날생선 요리나 입맛을 돋우는 맑은 탕 요리를 기대해도 좋다. 가을이 오면 유명한 송이버섯을 새우와 함께 굽거나 진한 육수와 곁들인 요리가 상에 오른다. 마지막으로 겨울에는 삼나무 사이에 넣고 구운 고등어 요리를 맛볼 수 있다. 일본 요리에 관심이 많다면 긴마타의 요리사가 진행하는 가이세키 요리 강습이 즐거운 경험이 될 것이다.

료칸의 위치 또한 미식가에게는 더할 나위 없이 완벽하다. 긴마타는

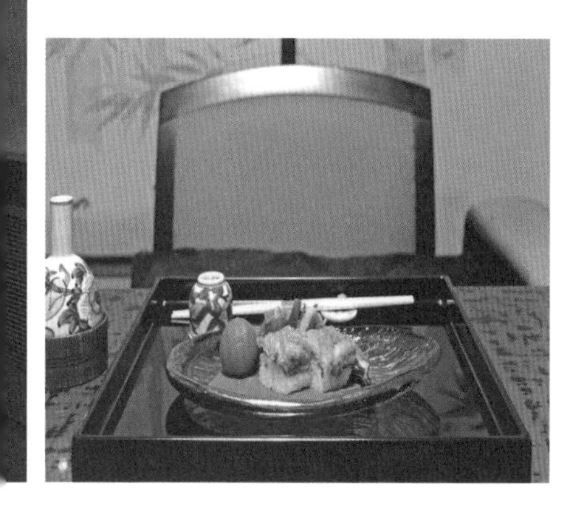

반대쪽과 왼쪽 전통 요소를 반영한 객실 인테리어. 미닫이문 너머로 정원의 모습이 보인다. 다다미 바닥에 앉아 좌식 테이블에 올라오는 화려한 가이세키 석찬을 즐기기에 딱 좋은 환경이다.

교토에서 가장 오래된 시장이자 천장이 있는 니시키코지 시장의 동쪽 끝에 자리 잡고 있다. 시장의 역사는 1600년대로 거슬러 올라간다. 시장이 위치한 좁은 거리를 따라 말리거나 절인 해산물부터 채소절임, 두부, 전통 과자, 제철 채소, 심지어 조리 도구 등을 파는 상점들이 수백 개도 넘게 들어서 있다. 북쪽으로 올라가면 또 다른 오래된 쇼핑 거리인 테라마치 아케이드 상점가가 나온다. 생필품을 파는 상점과 향이나 불상, 골동품 등 각종 전통품을 판매하는 가게가 다닥다닥 붙어있다. 남쪽으로 한 블록 내려가면 생기 넘치고 현대적인 시조도리가 나오는데, 이곳에서 버스나 기차를 타면 도심 어디든 갈 수 있다. 뿐만 아니라 발길 닿는 대로 걷다 보면 자연스럽게 교토가 자랑하는 관광 명소를 탐방할 수 있다. 근처에 있는 기온 유흥 지구(게이샤와 오래된 찻집이 유명하다)에 가도 좋고 미나미자극장에서 가부키 공연을 봐도 좋다. 야사카신사 또는 치온인과 같은 고대 종교 유적지도 흥미로운 볼거리다.

교토 중심부

기온 긴표

기온 긴표 祇園金瓢

주소: 〒605-0081 京都府京都市東山区古門前三吉町335

전화번호: 075-708-5143

웹사이트: www.kinpyo.jp

이메일: info@kinpyo.jp

객실 수: 2~6명이 숙박 가능

객실 요금: ¥¥¥¥(숙소당 가격, 식사 미제공)

장식용 사케 통과 오래된 양조 도구가 이곳이 양조 전통을 자랑하는 료칸이라는 점을 말해준다. 독특한 매력을 지닌 민박 주택인 긴표는 옛것의 아름다움을 잘 보여준다.

사케를 만들었던 흔적을 외관에서도 찾아볼 수 있다. 양조장에서 썼던 삼나무로 만든 동그란 조형물인 스기다마가 처마에 걸려있다. 예전에는 신선한 사케를 판매한다는 신호로 스기다마를 바깥에 걸어두었다. 스기다마는 처음에는 초록색이지만 시간이 지나면서 갈색으로 변하는데, 스기다마의 색을 보고 사케의 제조 시기와 신선도를 알 수 있었다.

깊은 역사, 정제된 분위기, 소박한 외관, 현대적이면서도 우아한 인테리어. 모두 이곳을 묘사하는 표현들이다. 료칸 외에도 다양한 형태의 일본식 전통 숙소가 있는데, 예를 들어 규모가 작고 비용이 저렴하며 편안한 분위기가 특징인 가족이 운영하는 민슈쿠(민박)가 있다. 아침식사가 제공되는 가족적인 분위기의 서양식 숙박 시설을 떠올리면 이해하기 쉽다. 사찰에서 운영하는 숙박 시설(슈쿠보라고 부른다) 또한 료칸과 비슷한 경험을 제공하는데, 많은 료칸이 처음에는 절에 속한 숙소였다는 점을 고려하면 사실 놀랍지 않다. 이게 다가 아니다. 마치야라고 부르는 전통 가옥을 통째로 빌려 숙소로 사용하는 것도 가능하다. 가장 매력적인 마치야로 손꼽히는 곳이 바로 이곳 기온 긴표다.

2층으로 된 19세기 건물은 한때 사케를 만드는 양조 공장으로 쓰였다. 세월의 흔적이 느껴지는 짙은 나무와 높은 천장, 그리고 네모난 창문 사

위 위층에 있는 자그마한 서재에서 내려다본 실내. 높은 천장과 토기로 장식한 투박한 벽, 그리고 고풍스러운 나무가 한데 어우러지면서 긴표의 독특한 분위기를 연출한다.

왼쪽 위층의 경사진 천장은 다른 곳에서는 볼 수 없는 긴표만의 독특한 매력이다. 또한 거실이 있는데, 사진에 보이는 현란한 병풍이 놓여있다. 병풍을 배경 삼아 좌식 테이블에서 사케 또는 녹차를 마시면 마치 왕이 된 듯한 기분이 든다.

오른쪽 실내에 들어서는 순간 보이는 모습. 긴표의 첫인상은 매우 매력적이다. 교토처럼 오래된 역사를 자랑하는 곳에서만 만날 수 있는 전통 가옥이다.

왼쪽 긴표는 오래된 매력이 녹아있는 전통 가옥이다. 동시에 사진에 보이는 철제 개수대를 비롯한 여러 현대적인 요소들이 투숙객에게 편리함을 제공한다.

이로 쏟아지는 빛이 긴표를 찾는 손님을 맞이한다. 찬찬히 둘러보면 투박하지만 독특한 벽과 골동품 가구가 눈에 들어온다. 긴표에서 가까운 후루몬젠과 신몬젠에는 골동품 상점이 즐비하다. 앤티크 도자기부터 칠기 그릇, 가구, 차 도구 등 교토에서 가장 다양한 전통품을 만날 수 있는 곳으로 유명하다. 오래된 사케 양조 전통을 자랑하는 이곳에서는 곳곳에 양조용품이 놓여있는 것을 볼 수 있다. 도자기로 만든 사케 잔과 짚을 두

아래층 입구 옆 다용도 방에서 긴표의 사케 양조 역사를 살펴볼 수 있다. 벽에는 사케를 홍보했던 오래된 광고물과 각종 상장이 걸려있다. 또한 현재 판매하는 사케도 만나볼 수 있는데, 모두 긴표가 아닌 다른 곳에서 제조한 것들이다.

른 사케 통, 그리고 긴표를 운영하는 가문에서 제조하는 사케의 뛰어난 맛을 보증하는 여러 증명서가 눈길을 사로잡는다. 긴표를 처음 찾는 투숙객은 비록 짧은 시간이지만 과거로 돌아가 전통 교토를 온몸으로 체험할 수 있다.

긴표는 또한 료칸 전통을 따르고 있다. 은은한 향이 나는 히노키 욕조에 앉아 마치야에서 흔히 볼 수 있는 작은 정원을 감상할 수 있다. 욕실과 붙어있는 침실의 다다미 바닥에는 푹신한 이불이 깔려있다. 또한 자그마한 좌식 테이블이 있는 휴식 공간과 화려한 그림이 인상적인 병풍, 자칫 머리를 부딪치기 쉬운 경사진 천장 등 전통 마치야에서만 볼 수 있는 요소들이 가득하다.

마치야는 료칸과 달리 주택을 통째로 혼자서 쓸 수 있다. 하지만 이 외에도 음식 역시 마치야와 료칸을 구분하는 척도다. 다른 마치야와 마찬가지로 긴표는 식사를 따로 제공하지 않는데, 여러 장점이 있다. 먼저 숙박에 대한 비용만 지불하기 때문에 료칸보다 저렴하다. 뿐만 아니라 다양한 음식을 맛볼 수 있다. 특히 하룻밤 이상 묵는 경우 저녁마다 가이세키 요리를 먹는 것(물론 맛은 훌륭하지만)이 부담스러울 수 있다. 영어를 유창하게 구사하는 긴표의 주인에게 부탁하면 주변에 있는 전통 음식점에서 저녁식사를 배달시켜 먹을 수 있다. 직접 밖으로 나가 교토의 먹거리를 즐기는 것도 좋다. 10분 정도 떨어져 있는 시조도리에는 저렴한 가격의 맛있는 음식점이 많다. 좀 더 고급스러운 전통 음식점을 찾는다면 폰토초 골목으로 가면 된다. 긴표는 또한 교토의 기온 지구 북쪽에 위치하고 있는데, 게이샤와 찻집, 그리고 긴표처럼 오래된 교토를 느낄 수 있는 곳으로 유명하다.

게이샤를 직접 볼 수 있는 기온 지구를 비롯해 맛집, 골동품 상점, 관광 명소 등이 가까이에 있다.

교토 중심부

세이코로

세이코로晴鴨樓

주소: 〒605-0907 京都府京都市東山区問屋町通五条下ル三丁目西橘町467

전화번호: 075-561-0771

웹사이트: www.seikoro.com

이메일: info@seikoro.com

객실 수: 총 22개로, 1901년에 만든 객실 13개(이불이 아닌 침대가 구비되어 있다)와 새로 만든 객실 9개

객실 요금: ¥¥¥

소규모로 운영되는 고급 료칸과 마찬가지로 세이코로는 들어서는 순간 누군가의 집을 방문한 듯한 인상을 준다. 손님이지만 마치 가족처럼 극진히 보살피는 료칸 특유의 환대를 기대해도 좋다.

왼쪽 위 메이지 시대에 일본은 문호를 개방하고 해외 문물을 받아들이기 시작했다. 유럽풍 건축 양식 또한 이때 일본으로 건너왔는데, 세이코로의 다다미 바닥이 깔린 객실 밖에서 이러한 요소들을 쉽게 만날 수 있다.

오른쪽 위 세이코로의 가장 오래된 객실 중 한 곳. 1901년에 만들어졌다.

웹사이트만 보고 료칸을 골라야 한다면 아마도 세이코로를 선택하지 않을 것이다. 어울리지 않는 색 조합과 가정 주택처럼 보이는 사진이 별로 매력적이지 않기 때문이다. 하지만 이 료칸의 아름다움은 인터넷을 통해 보여지는 모습만으로 판단할 수 없다. 세이코로는 메이지 시대를 대변하는 가장 고급스러운 교토의 료칸이다.

세이코로는 1831년 다른 곳에서 처음 문을 열었는데, 원래는 료칸 이전에 상인과 여행객을 위한 숙소였던 하타고로 운영되었다. 1901년 원래 있던 건물의 별관 개념으로 지금의 세이코로가 세워졌고, 그때부터 시로야마 가문이 관리해오고 있다.

최근 들어 기존에 있던 13개의 객실에 전통 객실 9개를 추가했다. 옛 교토의 정취를 느끼고 싶다면 기존의 객실을 추천한다. 2층에 있는 기존의 객실에서는 녹색 잎이 무성한 정원을 내려다볼 수 있다. 특히 석탑과 조각상이 눈길을 사로잡는다. 1층에 있는 기존의 객실은 야외로 바로 나갈 수 있어 언제든지 자연의 품으로 뛰어들 수 있다. 정원과 마찬가지로 새로 지은 객실 중 하나로, 소파와 나무 바닥과 같은 서양식 요소가 현대적인 느낌을 더한다. 그런가 하면 독특한 전통적 요소도 눈에 띈다. 방 한가운데 놓인 칠기 테이블은 일반적인 네모 모양이 아니라 원 모양이다.

실내 인테리어는 전통적인 느낌이 강하다. 종이를 바른 미닫이문과 손으로 그린 병풍, 다다미 바닥, 자개를 박은 반질반질한 칠기 테이블과 은은한 이케바나 꽃 장식 등이 인상적이다. 그런가 하면 공용 공간에 있는 유럽풍 앤티크 가구와 장식품은 빅토리아 시대의 분위기를 풍긴다.

객실마다 작은 욕조가 마련되어 있으며, 2개의 공중목욕탕 욕조는 400년 된 금송으로 만든 것이다. 그러나 교토 중심부에 있는 다른 숙박 시설과 마찬가지로 천연 온천수는 아니다.

일반적인 료칸과 달리 석찬은 선택 사항이다. 덕분에 교토의 고급 료칸들 중에서 세이코로는 저렴한 편이다. 투숙객은 가이세키가 포함된 패키지와 조식이 포함된 패키지 그리고 객실만 예약하는 옵션 중 원하는 것을 고를 수 있다. 흔치는 않지만 1박 이상 머무는 투숙객 또는 교토의 먹거리를 직접 체험해보고자 하는 투숙객에게는 반가운 소식이다.

위치적으로 세이코로는 교토 히가시야마 지역 남쪽에 있는 가모강 주변에 자리 잡고 있다. 세계문화유산으로 지정된 기요미즈사와는 도보로 20분 정도 걸린다. 또한 대중교통을 이용하기 편한 위치에 있어 교토의 오래된 지역과 비교적 새로운 관광지를 모두 둘러볼 수 있다.

교토 중심가에 있는 오래된 료칸은 대개 아담한 크기의 공중목욕탕을 갖추고 있다. 욕조에서 장인의 손길을 느낄 수 있는데, 사진에 보이는 욕조는 향이 좋은 삼나무로 만든 것이다.

아라시야마, 교토 서부

호시노야 교토

호시노야 교토星のや京都

주소: 〒616-0007 京都府京都市西京区嵐山元録山町11-2

전화번호: 050-3786-1144

웹사이트: https://hoshinoya.com/kyoto

이메일: info_kyoto@hoshinoya.com

객실 수: 25

객실 요금: ¥¥¥¥

바쁘게 돌아가는 일상에서 잠시 벗어날 수 있는 곳으로, 많은 관광객이 찾는 아라시야마 지역 상류에 위치해 있다. 호시노야 교토는 전형적인 최고급 료칸과 5성급 리조트의 매력을 모두 갖추고 있다.

미슐랭 별을 받은 요리사가 있는 료칸. 사진처럼 예술 작품에 가까운 가이세키를 기대해도 좋다. 영어를 유창하게 구사하는 호시노야의 직원 덕분에 음식에 대한 자세한 설명을 들을 수 있다.

교토 서부에 있는 아라시야마 지역은 한때 귀족의 휴양지였다. 자연에 몸을 맡긴 채 고요함과 평온함을 만끽할 수 있는 곳으로, 사계절의 매력을 모두 즐길 수 있다. 봄에는 분홍색 벚꽃이 만발하고 여름에는 파릇파릇한 푸른 잎이 고개를 내민다. 가을에는 단풍이 강가를 울긋불긋 물들이고 겨울에는 주변이 온통 새하얀 눈으로 뒤덮인다.

하시주쿠 객실 중 한 곳의 모습. 아래층에 침실과 라운지가 있다. 위층에 있는 커다란 창문을 통해 계절마다 바뀌는 풍경을 감상할 수 있다.

오늘날 아라시야마는 교토를 대표하는 관광 명소로 더욱 유명하다. 수많은 관광객이 대나무 숲을 비롯해 세계문화유산이자 1300년대 세워진 절 덴류지를 보기 위해 이곳으로 몰려드는데도 불구하고 여전히 고요함과 평온함을 간직하고 있다. 이곳에 호시노야 교토가 있다.

시끌벅적한 관광객 무리를 뒤로한 채 15분 동안 배를 타고 한 폭의 그림 같은 가츠우라강을 건너야 료칸에 도착할 수 있다. 전통과 현대가 절묘한 조화를 이루는 호시노야 교토는 2009년 처음 문을 열었다. 지은 지 100년 된 건물을 리모델링했는데, 원래는 성공한 사업가 스미노쿠라 료이의 저택이었다. 호시노야는 리모델링을 통해 "현대적이면서도 옛 정취가 살아있는" 건물로 재탄생했다고 설명한다.

특히 객실에서 옛것과 새것의 조화가 명확하게 드러난다. 구조와 분위기는 조금씩 다르지만 모두 특색 있는 디자인 요소를 자랑하는데, 130년 된 목판에 여러 색소를 넣어 만든 가라카미 벽지가 대표적이다. 전통 기법을 현대적으로 재해석한 훌륭한 예라고 할 수 있다. 마찬가지로 미닫이문에는 종이 대신 유리와 각이 진 가로대를 사용해 모던한 분위기를 연출했다. 다다미와 나무 바닥은 전통적 요소이지만, 이불 대신 매끈한 디자인의 가구와 지역 장인이 만든 좌식 가구를 놓아 현대적인 감각을 더

위와 오른쪽 아래 아라시야마에서 배를 타고 강을 건너면 료칸에 도착한다(물론 걸어서 갈 수도 있다). 직원이 호시노야의 작은 나루터까지 마중 나온다. 직원의 안내에 따라 본관에 들어선 후에는 정원의 물소리를 들으며 웰컴 드링크를 마실 수 있다. 바쁜 일상에서 시달린 손님의 긴장을 풀어주기 위한 과정으로 효과가 탁월하다.

반대쪽 거의 모든 호시노야의 객실에서 강을 내려다볼 수 있으며, 마음이 편안해지는 강물 소리를 들으며 잠을 청할 수 있다.

했다. 모든 객실에서 강이 내려다보인다. 커다란 창문 덕분에 주변 풍경을 한눈에 감상할 수 있으며 은은한 자연광을 즐길 수 있다.

호시노야 교토의 주방은 미슐랭 별을 받은 요리사이자 해외 경험이 풍부한 구보타 이치로가 맡고 있다. 그는 전통 가이세키에 현대적인 감각을 더해 마치 예술 작품 같은 메뉴들을 선보인다. 제철 재료를 활용한 요리(개인 전용 공간 또는 카운터에 앉아 요리사를 마주보고 먹는다)로는 삶아서 응고시킨 야생 버섯과 푸아그라, 유자를 곁들인 전복, 국화 소스와 함께 나오는 꽃게 등이 있다. 대여섯 종류의 요리가 나오는 두 번째 코스 핫슨(전채 요리)이 특히 눈길을 사로잡는데, 먹기 아까울 정도로 아름답지만 입에 넣는 순간 황홀한 맛을 느낄 수 있다. 영어를 유창하게 구사하는 직원이 복잡한 요리 설명을 담당한다. 각 요리를 소개하고 음식과 어울리는 와인 또는 지역 사케를 추천해준다.

서재이자 술을 마시는 공간으로 곳간에서 영감을 받은 구라 콘셉트가 돋보인다.

뛰어난 음식 외에도 시아추를 비롯한 다양한 스파를 즐길 수 있다. 또한 직원에게 문의하면 젠 명상, 꽃꽂이, 아로마테라피 강습 등에 참여할 수 있다. 료칸에서 제공하는 인력거를 타고 아라시야마 주변을 돌아보는 것도 옛날 귀족의 생활 방식을 체험할 수 있는 좋은 기회다.

오른쪽 조경 예술가 하세가와 히로키와 우에야카토조경에서 만든 오쿠노니와. 객실에서 바라보면 마치 갈퀴로 다듬은 젠 정원같이 보인다. 하지만 콘크리트로 만든 것으로, 위로 걸어 다니면서 자세히 관찰할 수 있다.

왼쪽 화려한 수상 경력을 자랑하는 요리사가 선보이는 일품요리. 조리대 바로 앞에 앉으면 요리사가 음식을 만드는 모습을 가까이에서 감상할 수 있다. 상에 오르는 요리들은 하나같이 눈과 입을 만족시킨다. 이러한 요리가 만들어지는 과정을 지켜보는 것 역시 색다른 경험이 된다.

왼쪽 이불 대신 침대가 놓여있다. 객실은 일본식 디자인과 지역 장인이 만든 수공예 작품 등 전통적인 요소를 반영하되 주로 현대적 서양식 디자인과 북유럽 인테리어로 꾸며져 있다.

유노하나온천, 교토

스이센

스이센翠泉

주소: 〒621-0034 京都府亀岡市ひえ田野町芦ノ山イノシリ6-3

전화번호: 0771-22-7575

웹사이트: www.kyoto-suisen.com

이메일: 온라인 양식

객실 수: 13

객실 요금: ¥¥¥

유노하나온천의 자연이 고스란히 느껴지는 스이센은 서양식 스파를 즐길 수 있는 최고급 료칸이다. 특히 가을에는 산 전체가 알록달록한 단풍으로 곱게 물든다.

위 몇몇 객실의 경우 다다미 바닥과 야외 발코니가 맞닿아 있다. 덕분에 계절마다 바뀌는 풍경을 배경 삼아 지낼 수 있다. 스이센 스위트의 경우 야외 욕조가 있어 따뜻한 온천수에 몸을 담근 채 자연을 만끽할 수 있다.

반대쪽 일본식 객실에서도 서양식 요소들을 살펴볼 수 있다.

왼쪽 노천탕이 있는 객실도 있다. 또한 남녀용으로 나뉜 2개의 공중온천탕도 있다. 스이센의 전용 노천탕이 가장 호화스럽다.

교토부 서쪽의 온천 지역 가메오카에 위치한 료칸으로, 서양식 스파를 즐길 수 있는 곳이다. 교토 중심부에서는 차로 1시간 정도 걸린다. 유노하나온천 지역은 센고쿠 시대의 군주들이 전쟁을 치른 후 온천을 즐기기 위해 찾았던 곳으로 알려져 있다. 이것이 사실인지 아닌지는 정확하지 않다. 하지만 분명한 점은 스이센이야말로 오늘날 이 지역을 대표하는 료칸이라는 것이다. 스이센의 뿌리는 1860년대로 거슬러 올라간다. 처음에는 교토 중심지에 문을 열었으며 이전 세대에 가메오카 지역으로 옮겨왔다. 도심 한복판의 마치야에서 산속에 자리 잡은 서양식 휴양지로 거듭난 것이다.

현재 스이센에는 총 13개의 객실이 있는데, 여섯 종류로 나뉜다. 객실마다 동서양이 다른 방식으로 조화를 이룬다. 가장 큰 스이센 스위트는 서양식 침실과 거실(깔끔한 북유럽 디자인을 선호하는 사람의 취향과는 맞지 않을 것이다)과 더불어 다다미 바닥이 깔린 방과 히노키 야외 욕조를 갖추

위 스이센의 투숙객에게 제공되는 전형적인 웰컴 드링크로, 마차와 와가시(일본식 과자)가 나온다.

아래 료칸에서 먹는 조찬은 간단한 법이 없다. 스이센 역시 마찬가지다. 다양한 종류의 채소절임과 나물 반찬, 가벼운 국과 생선구이, 쌀밥 등이 함께 나오는데, 든든하고 활기차게 하루를 시작할 수 있다.

전용 야외 욕조에서 온천을 즐기는 틈틈이 객실과 연결된 야외 발코니에서 뜨거워진 몸을 식힐 수 있다.

고 있다. 전체적으로 덜 화려한 일본식 객실이 서양식 객실보다 더 매력적이다. 일본식 객실에서도 침대와 장식용 벽지 등 서양식 요소를 찾아볼 수 있다.

방에 마련된 욕조(대부분 발코니에 있어 숲의 차분함을 즐길 수 있다) 외에도 공동으로 사용하는 실내 및 야외 목욕탕이 있다. 돌과 나무로 둘러싸여 있으며 미네랄이 풍부한 유노하나의 온천수를 사용한다. 알칼리 함유량이 낮아 근육통부터 통풍에 이르는 각종 통증을 완화한다고 알려져 있다. 스이센에는 또한 스파 라란이 있어 약효가 뛰어난 허브 오일을 사용하는 아유르베다식 마사지와 관리를 받을 수 있다. 시아추 마사지와 발 마사지, 얼굴 마사지도 준비되어 있다.

모든 료칸에서 이러한 스파를 경험할 수 있는 것은 아니다. 그러나 스이센의 음식만큼은 전형적인 료칸 방식을 따르고 있다. 개별적인 공간에서 제공되는 가이세키를 통해 지역 농산물로 만든 일품요리를 즐길 수 있다. 가을에는 송이버섯을, 봄에는 산나물 등 제철 재료를 사용한다. 강에서 잡은 은어와 주변 밭에서 기른 쌀 역시 상에 오른다. 가메오카에서 제조된 사케 역시 뛰어난 맛을 자랑한다.

교토 중심부(가메오카에서 가깝다)는 게이샤와 신사 등 역사와 문화를 체험할 수 있는 다양한 관광지로 유명하다. 반면 스이센에서는 자연의 아름다움을 온몸으로 느낄 수 있다. 가메오카에서 가장 인기 있는 관광 코스는 아라시야마까지 배를 타고 호즈강을 건너는 것이다. 협곡을 둘러보는 데 총 90분이 소요되는데, 때에 따라 래프팅도 포함된다. 이 외에도 가메오카와 사가 사이에 있는 사가노 철도 또한 시골의 소박한 풍경을 만끽할 수 있는 관광 코스다. 스이센의 목욕탕에서도 아름다운 자연을 만끽할 수 있다.

스이센의 석찬은 객실에서 차려진다. 가끔 요리사가 직접 음식을 선보이기도 한다. 대개 서양식 재료가 들어간 음식이 나온다.

오른쪽 본관과 전용 노천탕(미리 예약하면 사용할 수 있다) 사이에는 조화가 아름다운 정원이 있다.

왼쪽 다다미 바닥과 침대가 어울리지 않는다고 생각하는 사람도 있을 것이다. 그러나 바닥에 이불을 깔고 자는 것이 불편하다면(특히 몸을 쉽게 움직이지 못하는 사람이라면 일어나고 눕는 것 자체가 힘들 수 있다) 침대가 있는 객실이 훨씬 더 편할 것이다.

나라 중심부

시키테이

시키테이四季亭

주소: 〒630-8301 奈良県奈良市高畑町1163

전화번호: 0742-22-5531

웹사이트: www.shikitei.co.jp

이메일: info@shikitei.co.jp

객실 수: 9

객실 요금: ¥¥¥¥

시키테이는 한때 사찰의 숙박 시설로 사용되었지만 이제는 나라에서 손꼽히는 최고급 전통 료칸으로 자리 잡았다. 나라의 유적지 한가운데 있어 접근성 또한 뛰어나다.

지역 장인이 만든 도자기에 근처에서 공수한 신선한 재료로 만든 요리를 올린 시키테이의 가이세키는 보기만 해도 즐겁다.

1899년에 세워진 시키테이는 처음에는 슈쿠보라고 부르는 사찰의 소박한 숙박 시설이었다. 오늘날 운영되고 있는 대부분의 료칸 역시 마찬가지다. 하지만 이곳처럼 전형적인 슈쿠보에서 최고급 시설로 거듭난 곳은 결코 흔치 않다.

1950년, 나라시는 료칸을 찾는 관광객을 늘리기 위해 슈쿠보를 료칸으로 바꾸겠다고 발표했다. 그 결과 시키테이에 있는 32개의 객실을 18개로 줄이는 공사가 진행되었다. 1990년대 접어든 이후에도 여러 번의 리모델링을 거쳤고, 이후 현재 주인의 아버지가 9개의 객실로 구성된 지금의 구조를 만들었다. 건물 외관과 전통적인 분위기는 그대로 둔 채 일반적인 료칸 객실보다 방을 훨씬 크게 만들었다. 창문을 통해 쏟아지는 자연광이 세월의 흔적을 감춘다. 높은 목판 천장과 밝은색의 나무 기둥, 종이를 바른 미닫이문, 그리고 도코노마에 붓글씨가 걸려있는 객실은 호텔 스위

왼쪽 위 객실의 다다미 바닥 옆으로 사진에 보이는 것과 같은 작은 휴식 공간이 마련되어 있다. 창밖으로 보이는 풍경을 감상해도 좋지만 시선을 실내로 돌려 디자인과 인테리어를 찬찬히 살펴보는 것도 좋다.

오른쪽 위 공중목욕탕의 욕조는 삼나무로 만들었다. 온천을 즐기는 동안 은은한 향기가 몸을 감싼다.

트룸과 같은 인상을 준다.

료칸 인테리어에서 가장 중요한 것은 디테일이다. 눈길을 사로잡는 작은 소품, 눈 깜짝할 사이에 지나가는 순간, 안 보이는 곳에 숨어 있지만 전체적인 완성도를 높여주는 세세한 요소들이 모여 최고의 경험을 선사한다. 시키테이에서 가장 중요한 디테일은 바로 요리다. 다양한 코스 요리가 나오는 가이세키는 자가이세키(다도 전에 나오는 음식)에서 영감을 받았다. 나라현 곳곳에서 공수한 제철 재료를 지역 장인이 만든 아카하다야키 도자기에 담아낸다. 특유의 붉은 빛깔(아카하다는 '붉은 피부'라는 뜻이다) 때문에 아카하다야키라고 불린다. 대개 희뿌연 유약을 바르고 경전이나 불교의 연꽃 문양을 본뜬 그림으로 장식해 도자기 표면의 단순함을 강조한다. 여러 고급 료칸과 마찬가지로 가이세키의 완성도와 모양보다는 요리가 상징하는 역사와 아름다움, 의미가 중요하다.

공동으로 사용하는 후로우유 목욕탕은 온천에 초점을 맞춘 아타미와 하코네의 욕조에 비하면 소박한 편이지만 나라와 교토 근처에서는 비슷한 곳들을 흔히 볼 수 있다. 시키테이는 은은한 향이 나는 일본산 삼나무로 만든 욕조로 고급스러운 특별함을 더했다. 또한 객실뿐만 아니라 복도와 공용 공간 등 료칸 전체에 다다미 바닥이 깔려있어 맨발로 자유롭게 다닐 수 있다. 료칸에 도착한 손님에게는 1층에 있는 세이코우안 다실에서 녹차와 달달한 과자를 대접하는데, 간단한 형식의 다도인 셈이다. 시키테이 곳곳에서 불교 영향을 받은 예술 작품을 볼 수 있다. 입구에는 붓글씨 3개가 걸려있는데, 고후쿠지절의 주지스님이 쓴 한문이 눈길을 사로잡는다. 또한 도다이지절의 원로스님이 쓴 붓글씨도 있으며 작은 정원에는 예술가 다케다 고우메이의 조각상이 전시되어 있다.

시키테이는 나라공원의 가장자리에 있어 조금만 걸어가면 일본에서 가장 유명한 종교 유적지를 구경할 수 있다. 가장 가까운 거리에는 17세기 절인 고후쿠지절이 있다. 특히 600년 된 5층 석탑이 유명하다. 또한 여러 불상을 모시고 있는데, 그중 일본에서 가장 유명한 유물 중 하나인 아수라상은 730년대 만들어진 것으로 알려졌으며 3개의 머리와 8개의 팔이 인상적이다. 또한 공원 내에 도다이지절과 가스가 대신사(193쪽 참고)도 있는데, 고후쿠지와 마찬가지로 유네스코 세계문화유산으로 지정된 명소들이다.

아래 시키테이의 모든 객실은 투숙객을 만족시킨다. 내부가 넓고 환해 오랜 세월의 흔적이 느껴지지 않는다. 사진에 보이는 객실은 전용 정원까지 갖추고 있다. 산책할 수는 없지만 마음껏 감상할 수 있다.

아래 입구 옆 작은 정원은 푸르른 이끼로 뒤덮여 있다. 조금만 걸어가면 나라공원의 울창한 숲을 즐길 수 있으며, 무성한 나무 사이로 사슴을 볼 수 있다.

나라 중심부

와카사 벳테이

와카사 벳테이和鹿彩別邸

주소: 〒630-8274 奈良県奈良市北半田東町1

전화번호: 0742-23-5858

웹사이트: http://wakasa-bettei.com

이메일: n-wakasa@syd.odn.ne.jp

객실 수: 11

객실 요금: ¥¥¥

관광객들이 많이 찾는 서양식 호텔과 연결되어 있으며 외국인 관광객이 편하게 묵을 수 있는 신식 료칸이다. 전통 건축 양식을 바탕으로 지어졌는데, 일본에서 가장 유명한 유적지와도 가깝다.

아래 석찬에 오르는 생선회는 그야말로 일품이다. 와카사 벳테이는 매일 아침 30킬로미터 떨어진 일본 제2의 도시 오사카의 수산시장에서 신선한 해산물을 가져온다.

위 직원이 대표적인 향토 음식을 조찬으로 대접하고 있다. 차가유는 쌀과 차로 만든 죽으로 건강에 아주 좋다.

교토에는 다양한 형태의 전통 료칸과 민박 시설이 있다. 하지만 나라는 일본에서 가장 역사 깊은 도시임에도 불구하고 전통 숙박 시설이 많지 않다. 710년부터 794년까지 일본의 수도였던 나라를 가리켜 종종 '일본 문명의 탄생지'라고 부르기도 한다. 가장 전통적인 곳에서 전통 료칸을 찾아볼 수 없는 의아함을 해결하기 위해 2014년 와카사 벳테이가 문을 열었다.

와카사(유일한 단점이라고 할 수 있다)의 입구는 서양식 자매 호텔과 연결되어 있다. 전형적인 료칸 입구는 아니지만 실내에 들어서면 곳곳에서 일본의 오래된 전통을 느낄 수 있다. 디자이너 요시카즈 나가이는 긴테츠나라역 남쪽에 있는 나라마치에서 흔히 볼 수 있는 오래된 마치야에서 영감을 받아 격자 모양의 나무 문과 정사각형(보통 료칸에서는 직사각형을 많이 사용한다) 다다미 바닥, 그리고 여러 가지 나라 수공예품을 활용해 객실 인테리어를 완성했다. 사라시 천으로 문간 커튼과 테이블보 그리고 작

오른쪽 나라의 어디를 가든 사슴을 쉽게 볼 수 있다. 와카사 곳곳에도 사슴 인형이나 사슴을 본뜬 소품이 장식되어 있다.

아래 와카사의 객실은 지은 지 얼마 되지 않았지만 전통 디자인이 잘 반영되어 있다. 작은 야외 욕조도 마련되어 있다.

도다이지절의 본전은 와카사 벳테이에서 걸어갈 수 있는 유네스코 세계문화유산 중 한 곳이다. 엄청난 크기를 자랑하는 불상은 일본에서 손꼽히는 볼거리다. 덜 유명하지만 도다이지 옆 니가츠도에서 바라보는 노을 역시 매우 아름답다.

은 소품을 만들었고, 객실 문 밖에는 실을 꼬아 만든 행운의 부적을 걸어 두었다. 지은 지 얼마 되지 않은 료칸이지만 나라의 깊은 전통이 고스란히 담겨 있다.

식사는 1층에 있는 식당에서 제공된다. 여러 개의 작은 공간으로 나뉘어져 있는 이곳에는 오래된 민박집의 디자인을 적용했다. 인테리어처럼 요리도 전통 그 자체다. 석찬으로 코스 요리 가이세키가 나오는데, 매일 오사카 시장에서 가져오는 제철 재료와 최상급 해산물, 그리고 톡 쏘는 맛이 일품인 나라즈케(채소절임)나 사케 술지게미에 담근 가지 등 향토 음식이 함께 상에 오른다. 조찬에서도 지방 특유의 전통 음식을 맛볼 수 있다. 녹차 잎을 구워 말린 생선과 김, 또는 참깨를 올려 먹는 나라식 오차즈케와 생선구이, 그리고 일반적으로 료칸에서 나오는 반찬들이 나온다.

크기가 작은 객실(15~32제곱미터)마다 아담한 욕조가 마련되어 있다. 도자기 욕조, 삼나무 욕조, 야외 욕조 등 형태는 다양하지만 모두 온천수가 아닌 수돗물을 사용한다. 제일 꼭대기 층에는 공중목욕탕이 있다. 와카쿠사산과 도다이지절 대강당 지붕을 볼 수 있으며 밤에는 반짝이는 별빛을 조명 삼아 목욕을 즐길 수 있다.

와카사의 편리한 위치 또한 장점이다. 18세기에 세워진 도다이지절과 매우 가까운데, 특히 이곳의 다이부츠덴에는 1,400년 된 15미터 높이의 불상이 모셔져 있다. 영어를 능숙하게 구사하는 직원의 도움을 받으면 도보로 몇 시간 떨어진 나라의 주요 유적지까지도 갈 수 있다. 도다이지와 마찬가지로 대부분 유네스코 지정 세계문화유산으로 등재되어 있다. 17세기 고후쿠지를 비롯해 수천 개의 청동으로 장식된 본전까지 길을 따라 석등이 줄지어 서 있는 18세기 가스가 대신사 등이 대표적인 예다. 이러한 유적지가 여기저기 흩어져 있는 나라공원도 놓쳐서는 안 될 볼거리다. 공원을 누비는 사슴은 비교적 온순한 편으로, 공용 공간의 사슴 인형, 직원들이 달고 있는 은색 사슴 핀, 사슴을 본뜬 실내 부속품까지 와카사의 인테리어에도 종종 사슴이 등장한다.

일본 중부

류곤 24
벳테이 센쥬안 23
호시노야 가루이자와 25
호시 26
아라야 토토안 27
가요테이 28
29 와노사토

미나카미온천, 군마

벳테이 센쥬안

벳테이 센쥬안別邸仙寿庵

주소: 〒379-1619 群馬県利根郡みなかみ町谷川614

전화번호: 0278-72-2469

웹사이트: www.senjyuan.jp

이메일: info@senjyuan.jp

객실 수: 18

객실 요금: ¥¥¥¥

여유로움이 느껴지는 센쥬안이 위치한 미나카미는 사실 래프팅과 야외 스포츠를 즐길 수 있는 생동감 넘치는 지역이다. 음과 양이 만나 완벽한 조화를 이루듯, 최고급 료칸인 센쥬안은 전혀 다른 경험을 제공한다.

왼쪽 초가지붕으로 된 입구의 모습. 너무나도 소박해서 쉽게 지나칠 수도 있다. 입구만 봐서는 안에 센쥬안 같은 료칸이 있다고 상상하기 어렵다.

아래 개별적인 식사 공간의 모습. 객실에서 식사하는 것을 선호하는 투숙객도 있는데, 음식을 모두 먹고 난 뒤 다다미 바닥에 누울 수 있기 때문이다. 하지만 저녁을 먹기 위해 외출하는 것도 나쁘지 않다. 더군다나 사진과 같은 풍경을 감상할 수 있다면 더더욱 그렇다.

커다란 창을 통해 주변 시골 풍경이 한눈에 들어온다. 이 료칸이 자랑하는 대표적인 인테리어다.

도쿄에서 북쪽으로 두 시간 정도 떨어져 있는 다니가와산은 군마현과 니가타현 경계에 걸쳐있다. 바로 이곳 산기슭에 자리 잡은 센쥬안은 '현대적인 일본식 료칸'을 자처한다. 모던하면서도 전통을 고수한 디자인이 돋보이는 이곳은 최고급 호텔과 레스토랑으로 구성된 를레 앤드 샤토에 속해있다.

공용 공간을 천천히 둘러보면 센쥬안이 일반적인 료칸과는 꽤 다르다는 점을 알 수 있다. 8미터에 이르는 구부러진 복도는 바닥부터 천장까지 유리로 되어 있어 주변 풍경을 한눈에 담을 수 있다. 교토식이라고 할 수 있는 진흙으로 만든 벽은 짙은 물감으로 장식해 에도 시대의 느낌을 재현했다. 복잡한 구미코 세공으로 만든 미닫이문 역시 눈에 띈다. 곳곳에 와시 종이로 포인트를 주었다.

오른쪽 '일본식 S' 객실의 모습. 테이블이 아주 멋스럽다. 커다란 객실 전용 반야외 욕조와 신선한 공기를 즐길 수 있는 나무 발코니가 있다.

아래 '특별 SP' 객실의 모습. 일본 아파트는 대개 이것보다 훨씬 좁다. 뿐만 아니라 사진에 보이는 객실처럼 숲으로 둘러싸인 야외 욕조도 찾아보기 힘들다.

전형적인 료칸 스타일의 객실 안 도코노마에는 이케바나가 장식되어 있다. 또한 다다미 바닥에는 직사각형 모양의 좌식 테이블이 놓여있다. 나무 바닥이 깔린 서양식 객실 2개와 무늬가 있는 대리석 바닥을 깐 서양식 객실 1개가 준비되어 있다. 그 외 객실은 주변에 있는 나무를 가까이에서 볼 수 있도록 길게 연장된 나무 발코니와 소용돌이무늬로 장식한 진흙 벽 등 독특한 디자인을 자랑한다. 모든 객실에는 전용 노천탕이 있어 다니가와산을 빼곡하게 채우고 있는 숲을 감상하기에 완벽하다. 2개의 커다란 공중목욕탕도 있는데, 푸르른 나무가 내려다보이는 호타루노

왼쪽 목욕은 료칸 경험에서 가장 중요한 부분 중 하나다. 센쥬안에서는 더더욱 그렇다. 객실에 마련된 고급스러운 전용 목욕탕과 더불어 공중목욕탕을 사용할 수 있다. 사진에 보이는 곳은 실내 공중목욕탕이다.

왼쪽 호타루노유 공중목욕탕. 호타루는 일어로 반딧불이를 가리킨다. 후덥지근한 여름이 시작되기 직전인 5월에 짝짓기를 하고 6월에 본격적으로 활동한다. 운이 좋다면 반딧불이의 이름을 딴 이곳에서 실제로 반딧불이를 볼 수 있을 것이다. 또 다른 야외 공중목욕탕의 이름은 귀뚜라미라는 뜻의 스즈무시다.

유는 돌로 만든 노천탕이다. 반면 우치유는 은은한 향이 퍼지는 실내 나무 욕조다. 객실에 있는 욕조와 마찬가지로 두 곳 모두 미네랄이 풍부한 천연 온천수를 사용한다. 센쥬안의 스파 소라에서는 전신 마사지와 얼굴 마사지, 주근깨 방지 관리 등 다양한 피부 미용 관리를 받을 수 있다.

요리 또한 빼놓을 수 없다. 센쥬안은 나가라차야 레스토랑의 개별적인 공간에서 식사를 대접한다. 몇몇 테이블은 바닥이 움푹 파인 호리고타츠식 좌석이다. 조찬의 경우 쌀밥, 채소절임, 생선구이 등이 나오는 전통 일본식 식사와 서양식 식사 중에서 고를 수 있다. 석찬에는 화려한 가이세키가 상에 오른다. 제철에만 맛볼 수 있는 지역 특산 요리에 다양하게 준비된 사케, 와인, 소츄(쌀, 보리, 고구마, 흑설탕을 넣은 증류주)가 나온다.

센쥬안이 위치한 미나카미 지역은 모험가의 놀이터로 알려져 있다. 여러 업체가 래프팅과 계류타기 등의 야외 놀이를 제공한다. 평이 좋은 스키 리조트와 골프장 등 활기 넘치는 주변 지역은 센쥬안의 느긋하고 차분한 분위기와 완벽한 균형을 이룬다.

목욕 외에도 센쥬안에 있는 스파 소라에서 얼굴 마사지와 전신 마사지 등 다양한 미용 관리를 받을 수 있다.

위 나가라차야 레스토랑의 입구. 센쥬안은 모든 식사를 개별적인 공간에서 대접한다.

왼쪽 화장실 문을 통과하면 객실 전용 온천탕에서 목욕을 즐길 수 있다.

미나미우오누마, 니가타

류곤

류곤의 로비는 가장 매력적인 시골풍 인테리어를 볼 수 있는 곳으로, 오래된 나무가 세월의 흔적을 보여준다. 움푹 파인 난로인 이로리에서 향긋한 냄새가 퍼져 나간다. 고개를 들면 높게 솟은 천장이 시야에 들어온다.

류곤龍言

주소: 〒949-6611 新潟県南魚沼市坂戸79

전화번호: 025-772-3470

웹사이트: www.ryugon.co.jp

이메일: info@ryugon.co.jp

객실 수: 25

객실 요금: ¥¥¥

위 로비 같은 공용 공간은 누군가의 집 같은 느낌이 든다. 움푹 파인 난로와 일본의 전통 장식장, 몇 세대 걸쳐 전해 내려온 듯한 장식품이 여전히 이곳에 사람이 살고 있는 듯한 착각을 일으킨다. 소박하지만 아늑한 공간으로 긴장을 풀기에 더없이 좋다.

왼쪽 사무라이 저택이었던 이곳의 외관은 한눈에 봐도 깊은 역사가 담겨있다는 것을 알 수 있으며 실내의 모습을 상상할 수 있다.

원래는 사무라이의 저택이었다가 료칸으로 개조한 곳으로, 류곤에서 보내는 하룻밤은 곧 옛 일본에서 보내는 하룻밤이다. 240년 된 건물은 삐걱거리는 소리가 나는 나무 복도와 우뚝 솟은 아치형 천장, 아름다운 정원, 그리고 불교 장식까지 모든 요소를 갖추고 있다.

11개의 기본 객실은 마치 오래된 절과 비슷한 인상을 준다. 나무로 만든 붙박이장과 부속품은 지나온 세월을 보여주듯 짙은 색을 띤다. 도코노마에는 마을에 있는 절 운토안의 이전 주지스님이 쓴 단순한 붓글씨가 걸려있다. 그보다 훨씬 이전에 절을 다스리던 주지스님이 당시 료칸의 주인에게 류곤이라는 이름(같은 이름의 절을 따라)을 제안했다고 알려져 있다. 창문 너머로 계절에 따라 다른 옷을 입는 정원이 보인다. 초봄에는 진분홍색과 보라색의 매화꽃이 정원을 가득 메우고 추운 겨울에는 새하얀 눈이 사방을 뒤덮는다.

11개의 객실 외에도 이로리가 있는 7개의 방이 마련되어 있다. 화로에서 음식을 요리해 바로 먹을 수 있다. 본실은 2개의 큰 방으로 나누어져 있어 단체 투숙객이 묵을 수 있다. 정원에는 1996년에 지은 신관이 있는데, 연못 옆으로 4개의 객실이 마련되어 있다.

어떤 방에서 묵든 상관없이 식사는 객실에서 하며 여러 지역의 토속 음식이 상에 오른다. 조찬은 미나미우오누마 지역의 유명한 고시히카리 쌀로 지은 밥과 미소국, 숯불에 구운 말린 생선, 지역 쌀을 먹여 키운 닭이 낳은 토마루 달걀 등이 나온다. 계절에 따라 가이세키 메뉴에 토마루 닭을 넣은 냄비 요리가 포함되기도 한다. 그 외에도 니가타 향토 음식인 놋페라는 채소수프와 민물 생선회, 식용 야생나물 또는 은어구이 등이 상에 오른다.

위 겨울이 되면 객실에 발열 장치가 달린 테이블인 고타츠를 둔다. 고타츠 아래로 다리를 집어넣으면 꽁꽁 언 몸을 녹일 수 있다.

위 류곤의 오카미가 무릎을 꿇고 손님을 맞이한다. 그녀의 뒤로 보이는 붓글씨가 독특한 분위기를 자아내는데, 대부분 근처 절의 예전 주지스님이 쓴 것이다.

류곤에는 여러 개의 공중목욕탕이 있는데, 각기 다른 매력을 가지고 있다. 와라쿠노유 목욕탕은 남성용과 여성용으로 나뉘어져 있다. 다듬지 않아 투박한 나무 기둥 위로 천장이 높이 떠 있다. 돌로 만든 욕탕은 마치 정원과 하나로 연결되어 있는 듯하다. 1층짜리 마도카노유 역시 남성용과 여성용으로 나뉜다. 모르타르 벽에 경사진 나무 지붕이 인상적이며 수면 위로 비치는 정원 풍경이 아름답다. 이보다 크기가 작은 목욕탕 2개는 전용 욕탕으로 빽빽한 숲이 주변을 감싸고 있다.

더욱 폭넓은 문화를 경험하고자 하는 투숙객을 위해 류곤은 다양한 행사와 프로그램을 진행하고 있다. 1년 내내 저녁에 열리는 이야기 시간이 특히 흥미롭다. TV와 라디오가 없었던 시절을 잠깐이나마 경험해볼 수 있다. 가을에는 모찌(찹쌀떡)를 직접 만드는 수업이 진행된다. 커다란 나무망치로 떡을 내리쳐 반죽을 만드는 등 즐거운 경험이 될 것이다. 추가 비용을 내면 츠가루샤미센(줄이 3개인 전통 악기)이나 타이코 북의 공연을 관람하고 직접 연주해볼 수도 있다. 다도 프로그램도 있어 잔을 잡고 돌리는 올바른 방법이나 차를 마시는 때 등 일본식 예술인 다도의 섬세한 예의범절을 차근차근 배울 수 있다.

나가노

호시노야 가루이자와

호시노야 가루이자와星のや軽井沢

주소: 〒389-0194 長野県北佐久郡軽井沢町星野

전화번호: 050-3786-1144

웹사이트: https://hoshinoya.com/karuizawa

이메일: info@hoshinoya.com

객실 수: 77

객실 요금: ¥¥¥

일본 전통의 미와 접객 문화에 리조트 스타일을 접목한 최초의 료칸 중 하나로, 호시노야 가루이자와는 이미 최고 중의 최고로 인정받고 있다. 일본 전역에 있는 호시노 리조트를 통해 이미 효과가 입증된 성공 전략을 더욱 탄탄하게 다져왔다.

위와 왼쪽 호시노야 가루이자와는 일본에서 가장 아름다운 료칸 중 하나다. 다양한 레스토랑이 있는 현대식 리조트로, 료칸 전통을 한층 더 높이 끌어올린다.

호시노야 가루이자와는 다양한 식사 옵션을 제공한다. 그러나 로마에서는 로마법을 따라야 한다는 말이 있듯이, 절대로 놓쳐서는 안 될 이곳의 가이세키에 도전해보자. 가이세키를 새롭게 해석한 일종의 퓨전 음식인데, 첫인상부터 맛을 볼 때까지 매 순간 놀랍고 훌륭하다.

도쿄에서 고속열차를 타고 80분을 달려가면 나가노현 가루이자와에 도착한다. 일본에서 가장 고전적인 휴양지로 손꼽히는 곳이다. 여름은 선선하고 겨울에는 눈을 볼 수 있어 오랫동안 일본 부자들의 사랑을 받아왔다. 주말이 되면 각자 소유한 별장에서 테니스, 골프, 스키 등을 즐기는 모습을 볼 수 있다. 가루이자와의 명성을 잘 보여주는 예가 있다. 현재 일본 천황과 황후가 1950년대 처음 만난 장소가 바로 가루이자와의 테니스장이다. 숲으로 뒤덮인 골짜기 사이로 잔잔한 강이 흐르는 바로 이곳에 호시노야 가루이자와가 숨어 있다. 객실동과 자연이 만나 '산악 지대의 리조트 마을'을 이루고 있다.

객실동은 바닥과 천장 사이에 최대한 많은 공간을 확보할 수 있도록 설계되었다. 거실에는 좌식 테이블과 소파를 배치해 천장이 더 높아 보이고 방이 더 넓어 보인다. 커다란 창문과 널찍한 테라스 너머로 강 또는 숲이 무성한 산이 보인다. 실내에 있는 은은한 향이 나는 삼나무 욕조에서도 자연이 빚어낸 아름다운 장관을 감상할 수 있다.

전통 료칸과 달리 호시노야 가루이자와는 다양한 식사 옵션을 제공한다. 메인 레스토랑 가스케의 수석 요리사 이나케 에이지는 정제된 '새로운 자연 요리'를 선보인다. 생선과 제철 재료, 지역 특산품을 활용하는 전통적인 가이세키를 재해석해 눈과 코, 입을 모두 만족시키는 놀라운 요리를 만들어낸다. 가스케에서는 또한 쇠고기 샤브샤브 코스를 먹을 수 있다. 호시노야 가루이자와 옆에는 호시노야가 운영하는 또 다른 호텔인 블레스톤 코트 유카와탄이 있는데, 이곳에서는 프랑스 음식을 선보인다. 근처에 있는 가벼운 분위기의 식당인 쇼민 쇼쿠도와 하루니레 테라스에서 국수나 피자 등 맥주와 잘 어울리는 음식을 맛볼 수도 있다.

고급 리조트인 호시노야는 지역 회사와 협력 관계를 맺고 가이드가 동행하는 자연으로의 산책이나 승마 트레킹 등 료칸에서는 흔히 볼 수 없는 다양한 프로그램을 운영하고 있다. 투숙객은 또한 호시노야가 운영하는 스파에서 여러 가지 마사지나 아로마테라피 관리를 받을 수 있다. 바람이 잘 통하는 숲속 찻집에서 아침 숨쉬기 운동도 할 수 있다. 좀 더 정적인 투숙객에게는 서재에서 느긋하게 시간을 보내는 것을 추천한다. 목욕 또한 이곳의 매력 중 하나다. 톰보노유 목욕탕에는 삼나무 바닥 위에 돌로 만든 멋진 실내 욕조와 야외 욕조가 있다. 둘 다 알칼리 함유량이 낮고 진정 효과가 뛰어난 물을 사용한다. 사우나도 갖춰져 있다.

호시노야 외에도 가루이자와에는 볼거리가 가득하다. JR가루이자와역의 남쪽 출입구 옆에 있는 가루이자와프린스쇼핑플라자에는 유명한 패션 및 스포츠 브랜드의 아울렛이 입점해 있어 쇼핑을 통해 기분 전환을 할 수 있다. 역 북쪽으로 난 길을 따라가면 규가루이자와 지역이 나온다. 온갖 식품점(햄, 소시지, 치즈가 유명하다)과 카페, 가볍게 식사할 수 있는 식당, 기념품 상점 등을 둘러보는 것도 재미있다. 또한 가루이자와의 오래된 가톨릭 성당과 쇼 기념 예배당 등 외세의 영향을 잘 보여주는 유적지도 만날 수 있다.

호시노야 가루이자와가 지어지기 한참 전인 1910년대부터 이곳에 있었던 톰보노유 온천을 그대로 살린 목욕탕의 모습. 텅 비었지만 빛이 잘 들어오는 공간과 어두컴컴한 공간을 합친 명상을 위한 탕도 마련되어 있다.

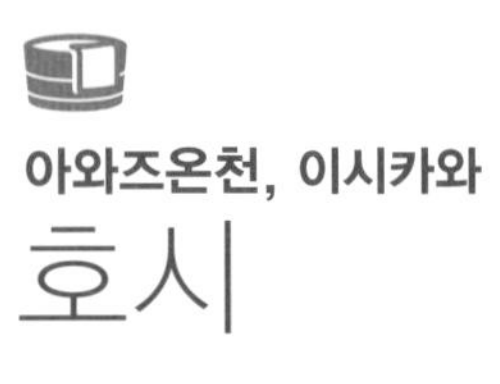

아와즈온천, 이시카와

호시

호시法師

주소: 〒923-0326 石川県小松市粟津町ワ46

전화번호: 0761-65-1111

웹사이트: www.ho-shi.co.jp

이메일: ho-shi@ho-shi.co.jp

객실 수: 74

객실 요금: ¥

소나무가 인상적인 호시의 정원은 1600년대에 만들어졌다. 하지만 이는 료칸이 지닌 역사의 일부에 불과하다. 일본에서 두 번째로 오래된 이곳은 료칸이라는 단어가 생기기 수백 년 전인 700년대에 지어졌다.

위 객실은 전통적인 디자인 요소를 모두 갖추고 있는데, 귀빈을 위한 엔메이카쿠는 예외다. 붉은 벽과 장식용 양탄자가 있는 엔메이카쿠는 료칸의 간결하고 절제된 느낌과 대비된다. 여러 개의 두루마리와 갓 완성한 이케바나로 장식된 도코노마 역시 다른 객실보다 화려하다.

오른쪽 다도 형식의 웰컴 드링크. 호시에서 전통 문화를 체험할 수 있는 여러 가지 방법 중 하나다.

호시가 홍보하는 '1,300년의 역사'라는 문구에는 조금의 거짓도 섞여 있지 않다. 이시카와현 아와즈온천 지역에 자리 잡은 호시는 세계에서 두 번째로 긴 역사를 자랑하는 호텔이다. 718년 스님이었던 호시 가료가 치료를 위한 휴양지로 이곳을 지었다. 더욱 놀라운 점은 문을 연 이후 46세대에 걸쳐 같은 집안에서 운영하고 있다는 사실이다. 황실가 중에는 호시보다 역사가 짧은 가문도 있다.

오늘날 목재 건물은 700년대에 만들어진 것은 아니지만, 호시 일부는 수백 년 전부터 잘 유지되어 왔다. 이끼로 뒤덮인 소나무 정원은 1600년대에 만들어진 것으로 알려져 있다. 유명한 정원사이자 조경사인 고보리 엔슈의 손을 거쳤다고 한다. 교토에 있는 센토고쇼와 가츠라리큐처럼 유

호시의 객실은 다다미 바닥과 종이를 바른 미닫이문까지 전형적인 료칸의 모습을 하고 있다. 모든 객실에서 유서 깊은 정원이 내려다보인다.

호시에는 남성용과 여성용으로 나누어져 있는 노천탕을 비롯해 총 5개의 온천탕이 있다. 노천탕은 특히 푸르른 나무로 꾸며져 있다. 다른 사람과 함께 목욕하는 것이 부끄럽다면 전용 목욕탕을 따로 빌릴 수 있다.

적지의 정원 역시 그의 작품이다.

정원이 내려다보이는 각 객실은 전형적인 료칸의 요소를 갖추고 있다. 밤에는 은은한 향이 풍기는 다다미 바닥에 이불을 깔고 잠을 청한다. 도코노마는 두루마리와 꽃꽂이로 장식되어 있고 종이를 바른 미닫이문과 자연스럽게 물이 든 바름벽(대부분의 방의 경우)도 보인다. 엔메이카쿠('장수의 건물'을 뜻한다)는 유일하게 전통식에서 살짝 벗어난 공간으로, 정원 깊숙한 곳에 자리 잡은 귀빈을 위한 객실이다. 선명한 붉은색으로 칠한 내부는 페르시아 양탄자를 비롯해 전혀 일본스럽지 않은 소품으로 꾸며져 있다.

전통 가이세키가 나오는 석찬과 조찬 모두 객실에 있는 좌식 테이블에서 먹는데, 기모노 차림을 한 직원이 지역의 신선한 해산물과 제철 요리가 담긴 작은 접시를 잇달아 내온다. 이시카와의 전통 수공예품인 야마나카 칠기 접시가 상에 오르기도 하는데, 1800년대부터 아와즈온천 남쪽에 있는 야마나카온천 지역의 장인들이 만들어온 지역 특산품이다. 또는 초록색, 노란색, 빨간색, 보라색, 감색을 칠한 좀 더 오래되고 화려한 구타니야키 스타일의 접시를 사용하기도 한다.

호시에는 5개의 공중온천탕이 있다. 두 곳은 남성과 여성이 따로 쓰는 실내 목욕탕이고 또 다른 두 곳 역시 남성용과 여성용으로 나누어진 야외 목욕탕이다. 대리석으로 만든 욕조와 돌로 만든 욕조가 하나씩 섞여 있다. 또한 따로 빌릴 수 있는 목욕탕도 있어 부끄럼이 많거나 다른 사람과 알몸으로 목욕하는 것이 싫은 사람도 마음 놓고 온천을 즐길 수 있다. 하지만 공중목욕탕은 한 번쯤은 경험해볼 만한 일본 문화의 일부다.

아와즈온천 지역의 볼거리 역시 놓쳐서는 안 된다. 남쪽으로 조금 내려가면 산 옆에 자리한 절, 나타가 나온다. 호시보다 더 긴 역사를 자랑하는 곳으로 717년에 지어졌다. 오늘날 건물 대부분은 1600년대에 만든 것이다. 절의 다른 공간과 마찬가지로 삼나무와 암석이 3층 석탑을 둘러싸고 있는데, 전설적인 하이쿠 시인 마츠오 바쇼가 이곳에서 영감을 받아 다음의 유명한 시를 썼다고 한다. '가을바람은 돌산의 새하얀 절벽보다 더 하얗다.'

바쇼가 호시를 보고는 어떤 글을 남겼을지 궁금해진다. 평온하게 앉아 하이쿠를 짓기에 호시만큼 완벽한 장소는 없기 때문이다.

야마시로온천, 이시카와

아라야 토토안

아라야 토토안あらや滔々庵

주소: 〒922-0242 石川県加賀市山代温泉湯の曲輪

전화번호: 0120-26-3939

웹사이트: www.araya-totoan.com

이메일: info@araya-totoan.com

객실 수: 18

객실 요금: ¥¥¥

아라야 토토안의 오치노마 특별 객실은 지역의 수공예품과 전통을 고스란히 보여준다. 옻칠로 마무리한 기둥과 주색으로 칠한 벽이 마치 황궁에 온 듯한 분위기를 자아낸다.

위 신발을 벗고 전통의 세계로 들어가보자.

왼쪽 아라야 토토안에서는 구타니야키 도자기와 야마나카 칠기 그릇 등 전국적으로 유명한 지역의 수공예품에 정교한 요리를 올린다. 료칸 직원이 주변의 가마나 작업장 관광을 도와주기도 한다.

이시카와현 가가 지역의 야마시로온천은 예전부터 목욕탕과 수공예품으로 유명하다. 이곳 온천의 역사는 1,300년을 거슬러 올라간다. 또한 지역에서 만든 구타니야키 도자기는 수백 년 동안 명성을 이어오고 있다. 때문에 이 지역에서 가장 좋은 료칸인 아라야 토토안에서 이 두 가지 요소를 모두 볼 수 있다는 점이 전혀 놀랍지 않다.

아라야 토토안의 공중목욕탕은 투숙객의 눈길을 사로잡기에 충분하다. 특히 향긋한 삼나무 욕조가 있고 벽과 천장에는 연한 색을 칠한 루리코가 인상적이다. 야마시로온천의 원천은 다른 온천에 비해 깊이가 얕다. 땅 위로 올라온 온천수는 온도가 64도까지 올라가는데, 온천탕까지 파이프를 따라 흐르다 보면 온도가 조금 내려간다. 등의 통증과 신경통, 피부 질환 등 여러 질병을 완화하는 효능이 있다고 알려져 있다. 온천수는 마실 수 있는 물이다. 물론 욕조에 있는 물을 그대로 마시는 것은 추천하

전용 야외 욕조가 있는 객실도 있다. 삼나무 향이 나는 루리코 목욕탕을 비롯해 3개의 공중목욕탕은 누구나 이용할 수 있다.

겨울에 이 지역은 온통 하얀 눈으로 뒤덮인다.

지 않는다. 당뇨나 고혈압을 앓고 있거나 위장이 안 좋은 사람에게 좋다. 무엇보다 따뜻한 온천수에 몸을 담그는 것만으로도 기분이 좋아진다.

아라야의 객실 중 5개는 크기가 클 뿐더러 전용 야외 욕조가 갖추어져 있다. 와카나 객실은 원목으로 꾸민 방에 삼나무 욕조가 있어 마치 액자 같은 창문을 통해 아라야 정원을 감상할 수 있다. 다다미 바닥이 깔린 본실을 활짝 열면 테라스와 연결된다. 침실에는 높이가 낮은 침대가 있다. 이 외 11개의 객실은 비교적 소박한 편이다(물론 아라야 기준으로 소박할 뿐 여전히 호화롭다). 다다미 바닥이 깔려있고 어둑어둑한 자연 채광이 회반죽을 바른 벽 위로 그림자를 드리운다. 또한 특별 객실인 오치노마의 경우 옻칠한 기둥과 선명한 주색 벽이 인상적이다. 모두 이시카와의 가가 지역을 대표하는 요소들로 한때 이곳을 통치한 마에다 귀족 가문의 상징이기도 하다.

대부분의 객실에서 정원을 볼 수 있다. 아라야 토토안의 정원은 17세기 초에 만들어진 것으로, 일본 전역에서 가져온 자연석과 위엄 있는 나무들로 가득하며 계절이 바뀔 때마다 꽃과 이파리도 함께 변신한다. 별채 아리스가와산소는 1800년대 말 천황의 방문을 맞아 지은 곳으로, 지금은 다양한 종류의 와인을 갖춘 바로 사용되고 있다.

아라야는 또한 예술과도 연관이 깊다. 유명한 예술가이자 미식가인 기타오지 로산진(1883~1959년)은 1900년대 초 야마시로 지역에 1년 정도 머무르며 지역의 도자기와 칠기 수공예를 배웠다. 그의 초창기 작품 중 일부는 근처에 있는 료칸의 의뢰를 받아 만든 것들이다. 아라야 토토안 역시 마찬가지였다. 현재 장식용 붉은 그릇과 병풍 그림 등 로산진의 여러 작품을 전시하고 있다. 석찬에는 코스 요리 가이세키와 함께 로산진의 유명한 도자기 작품을 본떠 만든 접시와 지역 장인이 만든 구타니야키 도자기와 야마나카 칠기 그릇이 상에 오른다.

구타니야키가마터전시관은 야마시로온천 여행에서 가장 기대해도 좋은 관광지다. 사용 가능한 가마를 볼 수 있을 뿐만 아니라 도자기를 직접 빚고 유약 칠까지 할 수 있다. 또 다른 지역 관광지로 마을 한가운데에 있는 에도 스타일의 소유 공중목욕탕과 메이지 스타일의 고소유 공중목욕탕을 꼽을 수 있다. 이 지역의 목욕의 역사를 직접 체험할 수 있다. 심지어 고소유 목욕탕은 구타니야키 벽타일로 장식되어 있다.

야마나카온천, 이시카와

가요테이

가요테이かよう亭

주소: 〒922-0114 石川県加賀市山中温泉東町1－ホ20

전화번호: 0761-78-1410

웹사이트: www.kayotei.jp

이메일: info@kayotei.co.jp

객실 수: 10

객실 요금: ¥¥¥¥

객실의 도코노마에서 가요테이의 전체적인 분위기를 읽을 수 있다. 복잡하지 않고, 깔끔하며, 똑똑하다. 전통과 현대의 완벽한 균형을 보여준다.

입구의 모습(위). 이곳에서 머무는 동안은 신발을 벗어야 한다. 객실의 모습(아래). 지극히 전통적인 인테리어에 광을 낸 목공예와 유럽풍 앤티크 가구가 현대적인 감각을 더한다.

이시카와현의 작은 온천 마을인 야마나카는 평화롭고 고요하다. 이곳에 자리한 가요테이는 옛것과 새것이 만나 흥미로운 조화를 이루고 있다. 지역 장인의 솜씨를 엿볼 수 있는 전통적인 료칸인 동시에 현대적 요소들을 과감하게 활용했다.

실내에 들어서자마자 전통과 현대가 섞여 있다는 것을 알 수 있다. 원목 바닥과 다다미 바닥 위로 나무 조각품과 현대 조각품, 앤티크 가구가 신중하게 놓여있다. 10개의 객실에서는 다다미 바닥과 종이를 덧댄 미닫이문, 오래된 오크나무로 만든 좌식 테이블, 나무 패널을 댄 천장, 벽에 걸린 장식용 붓글씨, 간소한 이케바나 꽃꽂이, 야마나카 지역의 칠기와 도자기를 볼 수 있다. 그중 2개의 객실은 전통적인 스타일에서 벗어나는데, 이불 대신 침대가 놓여있다. 그리고 3개의 객실에는 전용 야외 욕조가 있어 한층 더 고급스러운 분위기를 연출한다. 욕조 중 2개는 나무로, 1개는 돌로 만든 것으로, 모두 나무가 빽빽하게 들어선 숲을 바라보고 있다.

불교 스님인 교키는 최초로 일본 지도를 그린 사람으로 알려져 있다. 또한 그는 700년대에 야마나카온천과 온천의 신비한 효능을 발견한 인물이다. 이후 야마나카와 온천은 떼려야 뗄 수 없는 동의어가 되었다. 가요테이에 있는 실내 목욕탕과 공중목욕탕에서도 온천을 느낄 수 있다. 특히 커다란 공중목욕탕에는 엄청난 크기의 유리 창문이 달려있어 숲에 둘러싸인 듯한 기분이 든다.

수공예품과 온천 외에 가요테이의 또 다른 핵심 콘셉트는 바로 지역이다. 때문에 곳곳에서 지역 특색을 살펴볼 수 있다. 다다미 바닥이 깔린 전용 식사 공간에서 저녁마다 가이세키가 상에 오르는데, 지역의 해산물이나 두부, 갓 잡은 민물 생선, 제철 나물 등이 재료로 쓰인다. 요리사의 손길을 거쳐 탄생한 담백한 요리를 야마나카 칠기 그릇에 올려 손님에게 대접한다.

강을 따라 가쿠센케이계곡으로 이어지는 산책로를 걷다 보면 신선한 공기와 나무가 빽빽하게 들어선 경치를 즐길 수 있다. 이곳의 투박한 아름다움(온천욕과 함께) 때문에 떠돌이 하이쿠 시인 마츠오 바쇼는 야마나카를 일본 3대 온천 중 하나로 꼽았다. 그는 이곳에서 유명한 시(다른 언어로 번역하면 다소 완성도가 떨어진다)를 썼다. '이곳의 / 즐거움은 / 좋은 산책.' 그는 여행을 하면서 쓴 글들을 모아 중간 중간 시를 넣은 여행기 『먼 북으로 가는 좁은 길』을 발표했다. 특히 옛 일본에 관심이 많다면 꼭 읽어야 하는 책이다. 이 지역의 유명한 칠기 그릇에 대해 더 알려면 야마나카칠기전통산업박물관 또는 마을에 있는 작업장을 찾으면 된다. 가요테이의 직원에게 부탁하면 친절하게 도와줄 것이다.

10개의 객실 모두 료칸의 전통적인 디자인 요소와 지역 장인의 수공예 솜씨가 조화롭게 섞여 있다. 이 중 2개는 이불 대신 침대가 있고, 3개는 전용 욕조가 있다.

위 전용 야외 욕조가 있는 방에 묵는 투숙객도 가요테이의 공중목욕탕에 꼭 가보기를 바란다. 실내 목욕탕이지만 바닥에서 천장까지 이어지는 창문이 있어 마치 숲 한가운데서 목욕을 하는 듯한 착각을 불러일으킨다.

아래 가요테이의 석찬은 여러 음식이 나오는 가이세키 코스 요리로 객실에서 지역 농산물과 동해에서 잡은 신선한 해산물을 즐길 수 있다.

미야무라, 기후

와노사토

와노사토倭乃里

주소: 〒509-3505 岐阜県高山市一之宮町1682

전화번호: 0577-53-2321

웹사이트: www.wanosato.com

이메일: info@www.wanosato.com

객실 수: 8

객실 요금: ¥¥¥¥

와노사토를 찾는 투숙객은 일본의 전통 시골을 온몸으로 체험할 수 있다. 지은 지 수백 년이 된 농장 건물은 일반적인 료칸과는 전혀 다른 분위기를 연출한다. 그러나 이곳은 접객 서비스와 고급 요리, 휴식 공간, 평온한 분위기까지 료칸의 필수 요소를 모두 갖추고 있다.

위 4개의 전용 농장 객실동의 내부 모습. 지붕이 얼마나 가파른지 알 수 있다. 겨울에 눈이 쌓이지 않도록 하기 위함인데, 갓쇼즈쿠리(기도하기 위해 모은 두 손과 비슷한 모양)라고 부르는 지역 특유의 건축 스타일이다.

반대쪽 4개의 객실이 있는 본관의 로비. 이로리가 주변을 따뜻하게 만들 뿐만 아니라 부드럽고 편안한 냄새를 방 전체에 퍼뜨린다. 요리할 때도 사용한다.

진기한 시골풍의 전원주택, 와노사토는 완전히 다른 시대에서 온 공간이다. 마치 동화 속에서 튀어나온 것처럼 말이다. 초가지붕과 흙을 바른 벽이 인상적인 이 건물은 깊은 산속 졸졸 흐르는 강 바로 옆에 자리 잡고 있다. 이곳에 완벽하게 어울리는 위치다. 원래는 기후의 다른 곳에 있었지만 1990년대에 이곳으로 옮기면서 료칸으로 다시 태어났다.

와노사토는 4개의 객실이 있는 본관과 지은 지 100~160년 된 전용 농장 객실동으로 구성되어 있다. 농장은 기도할 때 모은 두 손 모양으로 지어진 갓쇼즈쿠리(재목에 못을 안 쓰고 합각으로 어긋매끼는 건축 양식-옮긴이) 스타일의 건물로, 초가지붕의 가운데가 우뚝 솟아 있어 폭설에도 건물이 손상되거나 무너지지 않는다.

천장 바로 밑에 달린 널은 환기가 잘 되도록 돕는다. 또한 방 한가운데에 지핀 불에서 피어오르는 연기가 바깥으로 빠져나가도록 한다. 옛날에는 방을 따뜻하게 하거나 음식을 요리할 때, 짚을 건조시킬 때, 벌레를 쫓을 때 등 다양한 이유로 불을 지폈다. 하지만 와노사토에서는 쓰임새가 훨씬 더 제한적이다. 작은 난로와 투박한 진흙 벽은 그대로지만 다다미와 원목 바닥, 숲을 내다볼 수 있는 커다란 창문 등 료칸의 전형적인 디자인 요소들도 찾아볼 수 있다.

본관은 한눈에 봐도 전통 가옥임을 알 수 있다. 로비 한가운데 있는 이로리에 불을 피우면 연기가 어두운 아치형 천장까지 올라가면서 공기에서 연기 냄새가 난다. 본관에 있는 4개의 객실은 료칸 스타일의 핵심

위 와노사토의 오래된 농장 객실동에 들어오면 마치 과거의 시골 마을로 이동한 듯한 기분이 든다. 자연을 만끽하기에 더할 나위 없이 좋은 평온한 전원주택이다.

오른쪽 객실과 농장 객실동에는 전용 삼나무 욕조가 있다. 그러나 2개의 커다란 공중목욕탕도 매우 훌륭하다. 사진에 보이는 목욕탕은 향이 좋은 나무로 만든 것이다. 나머지 목욕탕에는 돌로 만든 욕조가 있다.

만 가져왔다. 다다미와 미닫이문, 좌식 테이블에 색다른 요소를 한두 개 정도 더했다. 1개의 객실에 주철 주전자를 데울 수 있는 작은 이로리가 마련되어 있다. 나머지 3개의 객실에는 자연을 만끽할 수 있는 테라스가 있다. 모두 난방이 되는 고타츠 테이블이 있어 추운 겨울에도 따뜻하게 지낼 수 있다.

모든 객실은 은은한 향이 나는 삼나무 욕조를 갖추고 있다. 차가운 날씨에 몸을 녹이기에 완벽하다. 공중목욕탕 한두 곳을 시도해보는 것도 좋다. 삼나무 욕조와 돌로 만든 욕조가 있는데, 둘 다 천연 온천수가 흐르고 있고 푸르른 숲을 내다볼 수 있다.

석찬 시간이 되면 지역 농산물이 주로 나오는 가이세키를 맛볼 수 있다. 산나물, 민물 생선, 그리고 최고로 평가받는 히다 쇠고기를 뜨거운 돌에 올려 굽거나 스키야키의 주재료로 사용하기도 한다. 시골풍의 분위기를 반영하듯 여러 가지 도자기와 칠기, 자기 그릇에 음식을 담아내는데, 봄에는 꽃이 달린 잔가지로, 가을에는 곱게 물든 단풍잎을 올려 장식한다.

주변 지역에서 볼 것도 할 것도 많다. 히다민속촌에서는 갓쇼즈쿠리와 다른 지역 전통에 대해 더욱 자세히 알아볼 수 있다. 30채가 넘는 전통 가옥에 민속품과 공예품들이 전시되어 있으며 주기적으로 시범을 보인다. 또한 사시코(일본의 전통 누빔 자수 기법-옮긴이) 자수와 히다 칠기, 염색 등을 직접 배울 수 있는 수공예 워크숍도 진행된다. 차를 가져왔다면 더 멀리 있는 시라카와고 마을도 꼭 들러보자. 유네스코 세계문화유산으로 지정된 곳으로 일본에서 아름다운 경치로 손꼽히는 하쿠산 자락에 위치해 있다. 논과 산을 배경으로 100여 채가 넘는 초가지붕을 얹은 갓쇼즈쿠리 스타일 가옥이 장관을 이룬다. 와노사토에서 묵는 하룻밤처럼, 시라카와고에서도 과거로의 시간 여행을 할 수 있다.

일본 서부 · 남부

니시무라야 혼칸
30
도센 고쇼보 31
세키테이 32
33
산소 무라타

기노사키온천, 도요오카

니시무라야 혼칸

니시무라야 혼칸西村屋本館

주소: 〒669-6101 兵庫県豊岡市城崎町湯島469

전화번호: 0796-32-2211

웹사이트: http://nishimuraya.ne.jp

이메일: honkan@nishimuraya.ne.jp

객실 수: 34

객실 요금: ¥¥¥

니시무라야의 로비와 공용 공간에서 아름다운 정원을 감상할 수 있다. 이 외에도 다양한 요소 덕분에 이 지역에서 가장 고급스러운 료칸으로 손꼽힌다.

입구에는 니시무라야의 한자가 쓰여 있다. '서쪽에 있는 마을 집'을 뜻한다.

료칸에 박물관이 있다면 얼마나 오래되었는지를 가늠해볼 수 있다. 니시무라야는 기노사키온천 지역에 문을 연 이후 150년 동안 다양한 역사를 쌓아왔다. 2층짜리 박물관에는 수많은 사진과 예술작품, 그리고 도자기부터 무기고에 이르는 유물이 전시되어 있는데, 니시무라야뿐만 아니라 일본의 역사 일부를 들여다볼 수 있다.

박물관 외에도 곳곳에 역사가 살아 숨 쉬고 있다. 본관에는 30개의 객실이 있고 1960년대에 지은 별관 히라타칸에는 4개의 객실이 있다. 뛰어난 건축가 히라타 마사야는 다실풍의 별관을 완성했다. 본관과 별관 모두 다다미 바닥과 소박한 흙벽, 목조 천장, 종이를 덧댄 미닫이문이 있어 전통적인 느낌이 고스란히 느껴진다. 별관 객실의 문을 열면 아름다운 정원이 모습을 드러낸다. 다른 객실에서도 키가 큰 소나무와 모양대로 자른 관목, 이끼로 뒤덮인 석상, 잉어 연못으로 이루어진 전통식 정원을 내다볼 수 있다. 외부 세계와의 완전한 차단을 원한다면 아스카와 하츠네 객실을 추천한다. 전용 정원과 야외 욕조와 연결된 테라스가 인상적이다.

종이를 바른 미닫이문과 다다미, 좌식 테이블 등 전형적인 료칸 객실의 모습. 하지만 도코노마에 두루마리 대신 그림이 걸려있고 이케바나 대신 본사이(분재-옮긴이)로 꾸며져 있다는 점이 독특하다.

계절에 따라 메뉴가 바뀌는 가이세키를 비롯한 음식은 이곳의 또 다른 자랑거리다. 니시무라야 정원에 분홍색 벚꽃이 만개하는 봄이 오면 수석 요리사 다카하시 에츠노부는 죽순과 반딧불오징어와 같은 제철 재료를 활용해 코스 요리를 준비한다. 그런가 하면 여름에는 전복이나 은어가 상에 오른다. 11월부터 3월은 게 철로, 니시무라야는 근처에 있는 츠이야마항과 시바야마항에서 명성 높은 마츠바가니(게의 일종-옮긴이)를 공수해 온다. 게를 위주로 가이세키 메뉴를 짜며, 생선회와 삶은 요리, 구운 요리, 냄비 요리 등으로 구성된다. 육즙이 넘치는 하얀 살뿐만 아니라 가니미소(게의 내장) 또한 별미다. 다지마 쇠고기는 1년 내내 먹을 수 있다.

작은 정원이 객실 사이에 자리 잡고 있다. 건물 곳곳을 산책하면서 만나는 이러한 작은 풍경은 많은 료칸의 매력 포인트다.

기노사키는 온천으로 유명한데, 나라 시대 때부터 명성을 이어오고 있다. 기노사키에 있는 7개의 공중목욕탕은 아직도 마을의 주요 관광지다. 이곳을 찾는 사람들은 시계를 거꾸로 돌려 유카타를 입은 채 료칸을 나와 목욕탕에서 목욕탕으로 옮겨 다닌다. 모두 니시무라야에서 도보로 15분 안에 도착할 수 있고 니시무라야 투숙객은 무료로 이용할 수 있다. 목욕탕마다 독특한 특징이 있는데, 고쇼노유의 노천탕은 폭포를 바라보고 있다. 사토노유 목욕탕에서는 노천탕과 사우나를 모두 즐길 수 있다.

니시무라야에도 물론 고급스러운 목욕탕이 있다. 키치노유 목욕탕의 커다란 실내탕과 노천탕 주변으로 대나무가 심어져 있다. 또한 은은한 삼나무 향이 온몸을 휘감는다. 후쿠노유 탕은 스타일 측면에서 매우 독특하다. 타일을 붙인 원형의 욕조가 있으며 벽 또한 타일로 무늬를 만들어 장식했다. 동그란 문 역시 호비튼에서나 볼 법하다. 실내 목욕탕인 쇼우노유에는 큰 창문이 있어 히라타칸의 정원을 감상할 수 있다. 한 가지 확실한 점은 니시무라야에서는 언제나 목욕탕을 이용할 수 있다는 것이다.

다른 고급 료칸과 마찬가지로 니시무라야의 요리에서 핵심은 계절이다. 겨울에는 일본에서 가장 질 좋은 게를 맛볼 수 있다.

여러 목욕탕 중 하나인 키치노유는 실내탕과 노천탕을 모두 갖추고 있다. 또한 작은 대나무 숲이 주변을 둘러싸고 있다.

아리마온천, 고베

도센 고쇼보

도센 고쇼보陶泉 御所坊
주소: 〒651-1401 兵庫県神戸市北区有馬町858
전화번호: 078-904-0551
웹사이트: http://goshoboh.com
이메일: 온라인 양식
객실 수: 20
객실 요금: ¥¥¥¥

도센 고쇼보는 일본의 가장 역사적인 료칸 중 하나다. 800년 전 처음 문을 연 이후 쇼군부터 저명한 소설가에 이르는 수많은 귀빈을 맞이해왔다.

아래 목욕을 하면서 정원을 감상할 수 있다.

오른쪽 직원이 물의 온도를 확인하고 있다. 처음에는 발가락을 담글 수 없을 정도로 물이 뜨겁지만, 천천히 몸을 담글수록 물 온도에 적응하게 된다. 긴장이 풀리고 편안해지면서 몸과 마음 모두 휴식을 취할 수 있다.

왼쪽 최고급 료칸인 만큼 요리 또한 매우 훌륭하다. 도센 고쇼보의 가장 기본적인 치큐 객실에 묵는 투숙객은 식사를 선택하지 않아도 되므로 돈을 너무 많이 쓰지 않고도 료칸을 경험할 수 있다.

1191년에 지어진 도센 고쇼보는 오래된 역사를 자랑한다. 긴 세월 동안 유명한 쇼군과 종교 지도자, 지식인 등 수많은 주요 인사들이 이곳을 찾았다. 긴 역사를 보다 쉽게 이해하도록 예를 들자면, 1190년대 영국의 사자왕 리처드는 살라딘의 군대를 무찌르기 위해 전쟁을 치르고 있었다. 왕이 자리를 비운 틈을 타 로빈 후드와 그의 부하들은 부자를 약탈해 가난한 이들과 나누었다(어디까지나 소설 속 이야기다). 같은 시기 일본에서는 미나모토 요리토모가 가마쿠라 시대의 시작을 알리면서 초대 쇼군의 자리에 올랐다.

고쇼보라는 이름에도 이야기가 담겨있다. 처음에 지을 때만 해도 고쇼보는 당시 아리마의 유일한 목욕탕 바로 옆에 있었다. 그래서 목욕탕 입구라는 뜻의 유치가야라고 불렀다. 1300년대 말 아시카가 요시미츠 쇼군의 방문을 맞아 고쇼('황제의'라는 뜻)로 이름을 바꿨다. 100년 정도가 지나고 또 다른 유명인사인 렌뇨 쇼닌이 지역을 방문하자 이를 기념하기 위해 보('절의 숙박 시설'이라는 뜻)를 붙였다. 교토의 절, 혼간지의 주지스님이었던 그는 오늘날 일본에서 신도가 가장 많은 불교 정토 진종파를 다시 일으켜 세운 장본인이다.

현재 고쇼보의 구조 대부분은 1900년대에 만들어진 것이다. 객실의 종류는 세 가지로, 텐라쿠(최상급), 추요(상급), 치큐(기본)로 나뉜다. 치큐 객실처럼 소박한 방은 료칸에서 좀처럼 찾아보기 힘들며 식사를 선택하지 않아도 된다. 반면 텐라쿠와 추요 객실에서는 전통 료칸을 체험할 수 있으며 기본적으로 조찬이 포함되어 있다.

고쇼보에서 가장 큰 방인 텐라쿠 객실은 총 8개다. 1920년대에 지어졌으며 종이를 바른 미닫이문과 다다미 등 전형적인 료칸 디자인을 볼 수 있다. 각 객실마다 이곳과 관련 있는 소설가 또는 시인의 작품이 걸려있

최상급 객실인 텐라쿠는 총 8개로, 나무 인테리어의 부드러운 향이 밴 욕조와 아름다운 정원을 전용으로 이용할 수 있다.

다. 소설가 다니자키 준이치로의 편지와 책을 읽을 수 있는데, 그는 『고양이와 쇼조와 두 여자』라는 소설에서 고쇼보를 언급했다. 또한 일본 디자인에 관심이 있다면 반드시 읽어야 하는 일본의 미에 관한 에세이 『음예예찬』을 썼다. 사무라이이자 전 총리인 이토 히로부미와 객실에서 들리는 물소리에 대해 쓴 역사가이자 소설가 요시카와 에이지의 글도 만나볼 수 있다. 텐라쿠 객실에 묵는 손님은 노천탕과 젠 정원, 그리고 다도실이 있는 전용 공간 시호안도 이용할 수 있다.

추요 객실은 총 3개로, 1950년대에 만들어졌다. 고쇼보는 추요 객실을 가리켜 '새로운 일본식 분위기'라고 묘사한다. 방에 따라 고쇼보의 젠 정원과 롯코산의 전경 또는 다키강이 내려다보인다.

이곳에서는 전통식 야마가 요리를 선보인다. '세련된 소박함'이 돋보이는 요리라고 할 수 있는데, 여러 가지 요리가 나오는 가이세키를 특별한 공간에서 즐길 수 있다. 고쇼보는 지역의 뛰어난 재료들을 사용한다. 고베 쇠고기와 타지마 쇠고기, 세토 내해에서 잡은 마츠바 게와 반딧불오징어와 같은 해산물, 유기농 쌀, 채소, 허브, 그리고 농장에서 직접 양조한 사케가 나온다.

고쇼보는 또한 일본에서 손꼽히는 온천 지역에 자리 잡고 있다. 6세기 『니혼쇼키』(일본의 역사서)에 따르면 신토 신인 오나무치노미코토와 스쿠나히코나노미코토가 상처 입은 세 마리의 까마귀가 미네랄이 풍부한 물로 씻은 뒤 상처가 치유된 것을 보고 아리마온천을 발견했다고 한다. 어떤 이야기를 믿든 확실한 것은 고쇼보에 매력적인 천연 온천탕인 콘고센과 시호안이 생겼다는 점이다. 노천탕인 시호안은 촛불로 불을 밝히는데, 16세기 스이킨쿠츠(땅속에 묻은 항아리 속으로 물이 떨어지면서 소리를 내는 것)의 일정한 물소리가 마치 세레나데처럼 들린다. 또한 푸르른 정원을 바라보고 있다. 반면 콘고센은 반노천탕으로 물속에 철이 섞여 있어 주황빛을 띠는 것이 특징이다.

과거를 즐기는 가장 좋은 방법. 많은 료칸이 근처에 있는 역까지 셔틀 버스를 운행한다(매일 버스 운행 시간을 정해놓는 곳도 있고 손님이 부를 때만 운행하는 곳도 있다). 도센 고쇼보에서는 복고풍의 빈티지 버스로 투숙객을 실어 나른다.

미야하마온천, 히로시마

세키테이

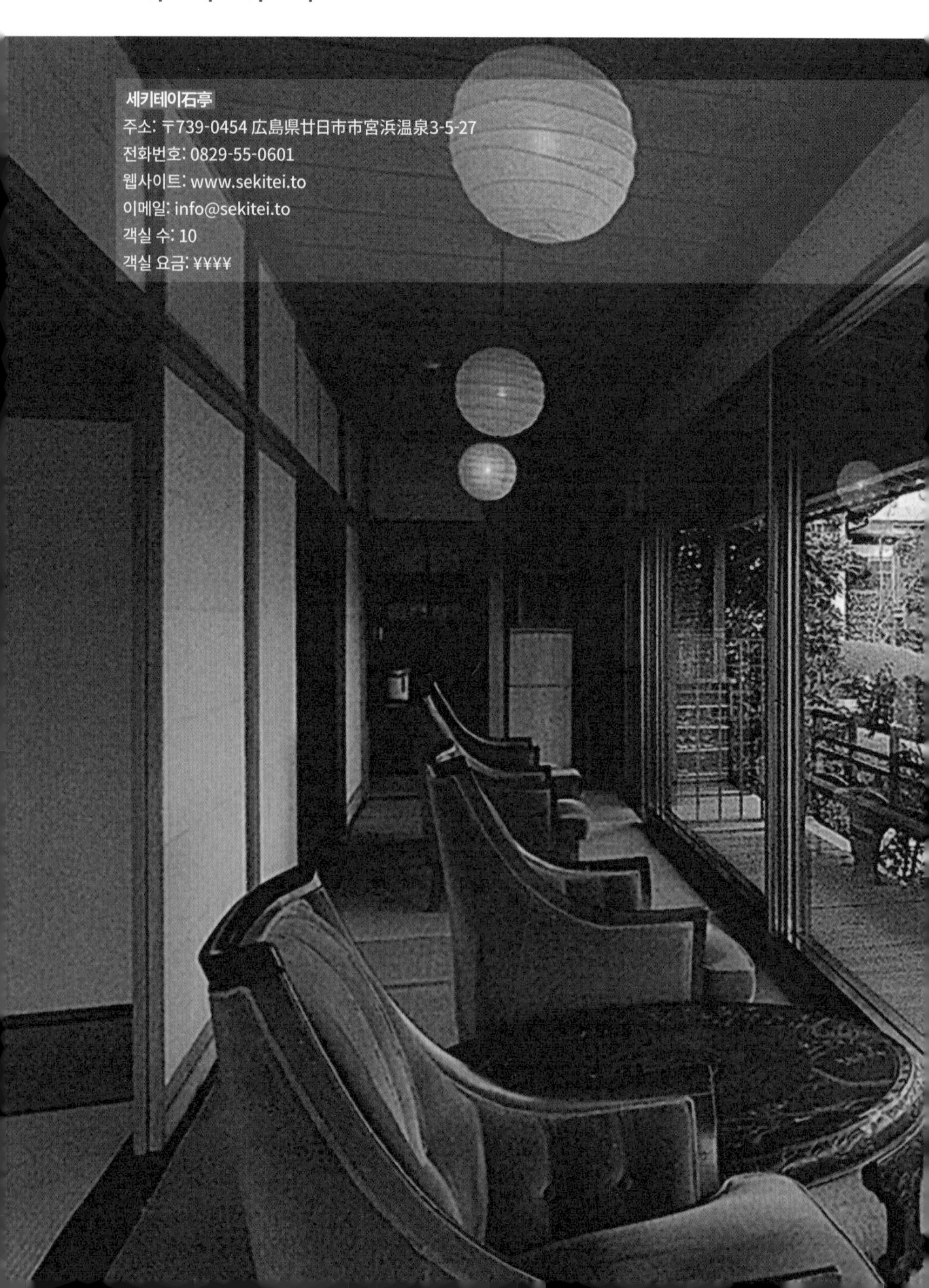

세키테이石亭

주소: 〒739-0454 広島県廿日市市宮浜温泉3-5-27

전화번호: 0829-55-0601

웹사이트: www.sekitei.to

이메일: info@sekitei.to

객실 수: 10

객실 요금: ¥¥¥¥

정원과 경치 면에서 세키테이를 능가하는 료칸은 많지 않다. 히로시마만이 내려다보이며 널찍한 객실동에서 전통 정원을 감상할 수 있다. 일본 서부에서 가장 매력적인 료칸으로 손꼽힌다.

왼쪽 세키테이의 정원은 단순히 관상용이 아니다. 정원 가로지르는 길은 자연을 온몸으로 즐길 수 있는 완벽한 책 코스다.

위 객실동 대부분은 전용 노천탕이 있어 방해받지 않고 연 온천을 즐길 수 있다. 온천 마니아에게는 공동으로 용하는 실내 및 야외 목욕탕을 추천한다.

히로시마만과 작은 섬 미야지마가 내려다보이는 언덕에 자리 잡은 세키테이는 경사진 산비탈을 따라 펼쳐지는 아름다운 정원과 고요한 분위기를 풍기는 전통식 객실을 자랑한다. 일본에서 손꼽히는 최고급 료칸답다.

1965년 세키테이와 함께 정원이 완성되었다. 료칸을 가리켜 '정원 료칸 세키테이'라고 부를 정도로 정원은 세키테이에서 가장 눈길을 사로잡는 공간이다. 커다란 연못을 중심으로 큼직한 바위와 관목, 미니 소나무가 심어져 있다. 여느 일본의 전통식 정원처럼 자연 경관 또한 훌륭한데,

히로시마만과 미야지마를 배경 삼아 계절이 바뀔 때마다 형형색색의 다양한 모습을 뽐낸다. 봄이면 벚꽃나무가 분홍색과 하얀색 꽃들을 피우고 이에 질세라 등나무에도 보라색 꽃잎이 번진다. 그런가 하면 여름에는 정원 전체가 온갖 빛깔의 녹색으로 물든다.

히로시마만과 가깝기 때문에 세키테이의 식탁에는 신선한 해산물이 늘 올라온다. 히로시마는 굴이 유명하다. 때에 따라 게와 새우와 함께 가이세키에 포함되기도 한다. 또한 바다 뱀장어에 간장을 끼얹으며 구운 다음 잘라서 밥에 올리는 미야지마의 대표 음식인 아나고메시도 종종 나온다. 석찬과 조찬 모두 객실에서 제공된다. 10개의 서로 떨어진 객실동이 정원을 빙 둘러싸고 있는데, 정원 풍경 너머로 히로시마만이 펼쳐진다.

객실동은 1960년대 복고풍으로 꾸며져 있다. 료칸의 전형적인 디자인 요소를 기반으로 하지만, 의도적으로 단조로움을 피한 것이 인상적이다. 다양한 모양과 크기의 테이블을 비롯해 키가 낮은 가죽 소파 또는 목재 흔들의자 등 독특한 가구들이 정원이 내다보이는 커다란 창문과 야외 테라스를 향해 놓여있다. 7개의 객실동에는 전용 온천탕이 있다. 반은 야외이고 반은 실내인 나무 테라스에 은은한 향이 나는 삼나무 욕조가 마련되어 있다. 전용탕 외에도 남성용과 여성용으로 나뉘어 있는 실내 그리고 야외 공중목욕탕이 있어 편안하고 소박한 분위기에서 온천을 즐길 수 있다.

세키테이는 일본에서 가장 유명한 볼거리인 미야지마섬 이츠쿠시마신사의 '공중에 떠 있는' 정문 토리를 구경하기에 최고의 위치를 자랑한다. 본섬에서 10분 정도 배를 타고 좁은 오노세토해협을 건너면 이츠쿠시마 신사에 다다른다. 높이가 17미터인 토리는 신사가 지어진 후 500년 정도가 지난 1168년에 처음 세워졌다. 밀물 때는 마치 수면에 떠 있는 것처럼 디자인적인 면에서 세키테이의 객실동은 확실히 특별하다. 여러 전통적인 요소를 가지고 있지만 동시에 색다른 매력이 눈에 띈다. 돌과 바위는 마치 지중해에 와 있는 듯한 느낌을 준다. 통일성이 없는 것 또한 특징이다.

보이는 현재의 모습은 1870년대 다시 세워진 것이다.

조금 더 멀리 가면 히로시마를 구경할 수 있다. 아픈 비극의 상처를 안고 있지만 기회가 된다면 반드시 방문해야 할 도시다. 1945년 8월 6일, 세계 최초로 이곳에 투하된 원자 폭탄은 바로 8만여 명의 목숨을 앗아갔다(시간이 지나면서 6만 명이 더 목숨을 잃었다). 앙상한 뼈대만 남아있는 원폭돔과 평화기념공원, 평화기념관은 핵전쟁의 폐허를 보여주는 강력한 상징이 되었다.

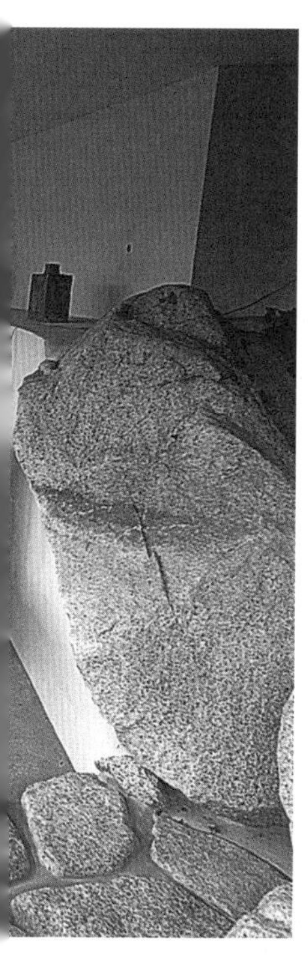

세키테이는 투숙객에게 사적인 경험을 선사하는 것을 중요하게 생각한다. 조찬과 석찬 모두 객실에서 제공되기 때문에 히로시마만을 감상하며 조용한 분위기에서 식사를 즐길 수 있다. 상에 오르는 해산물 대부분이 히로시마만에서 잡은 것들이다.

유후인, 규슈

산소 무라타

산소 무라타山荘 無量塔

주소: 〒879-5102 大分県由布市湯布院町川上1264-2

전화번호: 0977-84-5000

웹사이트: www.sansou-murata.com

이메일: murata@sansou-murata.com

객실 수: 12

객실 요금: ¥¥¥¥

일본에서는 여러 스타일의 전통 건축을 볼 수 있다. 그중에서도 산소 무라타는 팔색조 같은 다양한 매력을 지니고 있다. 여러 전통을 아우르는 이곳은 바쁜 일상에서 잠시 벗어나 진정한 휴식을 즐길 수 있는 곳이다.

위 여러 스타일의 건물 중 초가지붕을 얹은 메이지 시대의 별채. 과거로 돌아간 듯한 분위기 외에도 다른 별채처럼 크고 넓다. 가족 전체 또는 친척들을 모두 초대해도 될 만큼 널찍하다. 일본의 호텔과 료칸에서는 이렇게 넓은 객실을 찾아보기 힘들다.

왼쪽 손님을 맞이하는 직원의 모습. 기모노 또는 유카타 대신 활동하기 편한 전통 의복인 사무에를 입고 있다. 원래는 승려들이 일할 때 입는 옷이다.

깊은 산속에 초가지붕을 얹은 마을이 자리 잡고 있다. 기와지붕의 별채 주변으로 나무가 빼곡하게 들어서 있다. 사방에서 자연의 소리가 들려온다. 여름에는 매미의 울음소리가, 따뜻한 바람이 바위를 감싸는 봄에는 나무 바닥이 삐걱거리는 소리가 귀를 간지럽힌다. 하지만 이곳은 적막 그 자체다. 산소 무라타의 여러 전통 가옥은 고요하고 평온한 휴식을 선사한다.

유후산 기슭에 자리 잡은 유후인온천은 규슈 오이타현의 대표적인 온천이다. 유후인온천의 가장자리에 위치한 무라타는 수백 년 동안이나 오래된 나무 사이에 안겨 있는 것처럼 보인다. 이 때문에 이곳이 지은 지 얼마 되지 않았다는 사실이 놀라울 따름이다. 12개의 별채와 료칸 본관은 모두 100년이 넘은 건물들이지만, 1992년에 니가타현(대략 1,000킬로미터 떨어져 있다)에서 이곳으로 옮겨왔다.

료칸 내부는 정원과는 사뭇 다른 모습이다. 전통과 현대적인 감각, 시골과 도시가 만나 완벽한 조화를 이룬다. 예컨대 초가지붕을 얹은 메이

위 소박한 분위기를 풍기는 본관. 장작불 타는 냄새와 목재 인테리어가 정겨운 느낌을 준다.

아래 탄스 바. 낮에는 카페로 운영하는데 일반 손님도 이용할 수 있다. 저녁 6시부터 문을 닫는 11시까지는 투숙객만 이용하는 조용한 바로 변신한다.

지 별채에는 총 5개의 침실이 있는데, 2개는 다다미 바닥이 깔려있고 나머지 3개는 투박하고 어두운 나무로 꾸며진 서양식으로 되어 있다. 넓은 거실에는 가죽 소파가 가득하고 이로리가 놓인 공간이 건물 한가운데 자리 잡고 있다. 키치 별채도 분위기가 비슷하다. 다다미가 깔린 방 1개와 흙바닥이 있는 방 1개를 제외한 나머지는 모두 나무 바닥으로 되어 있다. 북유럽 스타일의 복고풍 가구와 벽에 걸린 추상적인 예술 작품이 오래된 목재와 대조를 이룬다. 다른 별채와 마찬가지로 두 곳 모두 전용 온천탕이 있다.

부지 주변을 살펴보면 다른 료칸에서 흔히 만날 수 없는 시설들도 갖추어져 있다. 경쾌하고 밝은 분위기의 미술관(아르테지오)과 메이지 시대 가옥의 통나무 난로와 기둥만 남은 지붕을 개조해 만든 어두운 조명의 바와 라운지(탄스 바) 등이다. 또한 디자인이 매우 멋진 초콜릿 및 차 상점(테오 무라타)과 스위스 롤이 유명한 빵집(비-스피크), 그리고 소바 음식점도 있다. 물론 료칸에서 먹는 석찬 역시 최고의 맛을 자랑한다.

석찬으로 지역 농산물과 해산물로 만든 가이세키가 상에 오르는데, 순서에 따라 나오는 전통 음식을 객실에서 즐길 수 있다. 제철 재료로 요리한 전채 요리부터 시작해 다양한 생선회가 나오고, 닭고기나 쇠고기를 활용한 구이 또는 튀김, 탕 요리가 뒤를 잇는다. 조찬은 본관에 있는 개별 공간에서 이루어지며 밥과 생선구이를 비롯한 여러 반찬이 나오는 일본식과 서양식 중에서 고르면 된다.

유후인 지역에는 무라타 외에도 볼거리가 많다. 26킬로미터 떨어진 유명한 벳푸온천보다 조용하고 느긋하다. 료칸과 가까이에 있는 긴린호수는 특이하게도 온천과 냉천이 모두 솟아오른다. 가을 절경이 특히 아름답다. 유후인의 미술관과 갤러리는 1년 내내 훌륭한 예술 작품을 전시한다.

위 머리를 조심하거나 다른 문을 이용해야 한다. 객실 실내 인테리어가 매우 독특하다. 이로리와 흙벽, 나무 기둥처럼 굉장히 시골스러운 요소들이 현대적인 느낌의 가죽 소파와 함께 어우러진다.

아래 4명이 숙박 가능한 히가시 별채는 전통적인 스타일의 객실이다.

유후인 유메미술관의 경우 떠돌이 예술가 야마시타 기요시의 그림과 사진을 전시하고 있다. 하라 히로시가 디자인한 스에다미술관에서는 현대 조각가 스에다 류스케의 작품을 만날 수 있고, 민속공예마을은 쪽빛 염색과 와시 종이, 도자기와 같은 민속 공예품을 소개하고 직접 만드는 과정을 선보이기도 한다.

별채만 다양한 스타일을 자랑하는 것은 아니다. 앤티크 가구 역시 신중하게 배치되어 있다.

토우 객실의 전용 욕조는 디자인이 매우 독특하다. 서양식 디자인의 객실 중 하나로, 침대가 있고 거실에는 카펫이 깔려 있다. 1개의 다다미 방도 있다.

가고시마, 규슈

덴쿠노모리

덴쿠노모리天空の森

주소: 〒899-6507 鹿児島県霧島市牧園町宿窪田市来迫3389

전화번호: 0995-76-0777

웹사이트: http://tenkunomori.net

이메일: 온라인 양식

객실 수: 3

객실 요금: ¥¥¥¥¥

객실동에서 자연을 마음껏 즐길 수 있는 덴쿠노모리에서는 다른 투숙객뿐만 아니라 외부 세계로부터 완전히 차단된 듯한 기분을 만끽할 수 있다.

위와 아래 덴쿠노모리 어디를 가든 널찍한 공간에서 휴식을 취할 수 있다. 침실과 야외 테라스를 포함해 잠시 고독을 즐길 수 있는 충분한 공간이 마련되어 있다. 일본에서는 흔치 않은 일이다.

당일 여행자를 위한 2개의 객실동. 대개 짧은 시간이지만 스파와 미식 여행을 위해 고급 침대열차인 세븐스타스를 타고 이곳을 찾는다.

덴쿠노모리는 자칭 '대우주 속 무인도'다. 가고시마현의 울창한 숲속에 자리 잡은 60만 제곱미터의 부지에 객실동이 흩어져 있는데, 단연 일본에서 가장 고급스러운 숙박 시설이다. 객실동은 총 5개뿐이다. 띄엄띄엄 떨어져 있어 바깥 세계와 완전히 차단된 듯한 기분이 든다. 가격 면에서도 이 책에 소개된 그 어떤 료칸보다 훨씬 비싸다(일인당 하룻밤 숙박료가 최대 25만 엔이다).

5개의 객실동 중에서 3개는 투숙객이 이용할 수 있고 나머지 2개는 낮에만 머무를 수 있다. 스파를 찾거나 조용하고 평온한 곳에서 잠깐의 휴식을 즐기고 싶은 손님들이 찾는다. 모든 객실동은 굉장히 세련되면서도 주변 환경과 잘 어우러진다. 탁 트인 널찍한 내부에는 고스란히 드러난 나무 기둥과 바닥부터 천장까지 이어지는 창문이 있어 기리시마산 줄기

대개 료칸의 노천탕은 건물 사이에 숨어 있다. 하지만 덴쿠노모리의 노천탕은 탁 트인 야외에 자리 잡고 있어 물에 몸을 담근 채 불어오는 바람을 느끼고 밤하늘을 수놓은 별을 바라볼 수 있다.

노천탕 옆에 놓인 편안한 안락의자에 앉아 샴페인을 즐기거나(왼쪽) 해먹에 누워 오후를 보낼 수 있다(위). 또는 스파에서 관리를 받거나 리조트를 가로지르는 강가에 앉아 책을 읽는 것도 좋다. 무엇을 하든 덴쿠노모리에서는 진정한 휴식과 호사를 경험할 수 있다.

료칸 음식 대부분은 덴쿠노모리에서 직접 운영하는 농장에서 재배한 재료로 만든다. 100퍼센트 유기농이며 요리사는 제철 재료를 마음껏 활용할 수 있다. 이곳은 질 좋은 닭으로 유명한 지역이다. 덴쿠노모리는 근처 양계장에서 방목해 기른 닭을 요리에 사용한다.

를 한눈에 담을 수 있다. 또한 넓은 테라스에는 천연 노천탕이 있어 다른 이의 방해를 받지 않고 온천을 즐길 수 있다. 차가운 얼음통에 넣은 샴페인과 함께 테라스에서 경험하는 온천은 잊지 못할 추억이 될 것이다.

덴쿠노모리에는 목욕탕 외에도 긴장을 풀고 휴식을 취할 수 있는 곳들이 많다. 나무에 매달린 그네는 주변 풍경을 즐길 수 있는 색다른 방법이다. 또는 료칸을 가로지르는 강가에 앉아 시간을 보내는 것도 좋다. 운이 좋다면 바위 사이로 날아다니는 물총새를 볼 수도 있다. 덴쿠노모리의 계단밭이 보이는 테라스도 편안하게 쉴 수 있는 완벽한 공간이다. 계단밭에서 재배하는 신선한 농산물은 리조트의 일급 요리사의 손을 거쳐 손님상에 오른다. 숙박비에는 식사 비용이 포함되어 있는데, 리조트에서 직접 키운 서른 가지가 넘는 채소들을 주로 사용한다. 뿐만 아니라 방목 사육으로 유명한 와스레노사토 닭 농장에서 기른 닭도 식재료로 이용한다. 이곳에서 즐기는 음식은 일반적인 정의를 거스른다. 진정한 가이세키도 서양식도 아니다. 자연 요리라고 할 수 있다. 식사 장소로 야외 또는 객실을 택할 수 있다.

이곳을 찾는 투숙객은 대개 비싼 가격에 크게 구애받지 않는다. 때문에 덴쿠노모리에서는 다른 리조트에서는 볼 수 없는 다양한 체험 프로그램을 운영한다. 예컨대 리조트에서 헬기를 타고 상공에서 가고시마를 감상할 수 있다. 사쿠라지마 화산을 하늘에서 내려다볼 수 있는 흔치 않은 경험이 투숙객을 기다린다. 또는 비행기를 환승해야 하는 손님을 위해 가고시마공항까지 헬기로 데려다 주기도 한다. 헬기 대신 경비행기를 이용할 수도 있다. 저렴한 비용으로 특별한 경험을 원하는 투숙객을 위해 스파에서는 다양한 종류의 마사지와 미용 관리 서비스를 제공한다. 뿐만 아니라 운동, 요가, 명상 개인 레슨을 받을 수 있다.

덴쿠노모리 외에도 다양한 볼거리가 있다. 2킬로미터 정도 떨어진 곳에 같은 가문이 운영하는 또 다른 리조트 가조엔(www.gajoen.jp)이 있다. 덴쿠노모리보다 훨씬 저렴하고 소박하지만 이 책에 소개되어도 이상하지 않을 만큼 매력적인 료칸이다. 가조엔과 덴쿠노모리 사이에 가볼 만한 곳이 많은데, 높이가 36미터인 이누카이폭포를 두고 유명 인사(그러나 안타까운 운명을 맞이한) 사카모토 료마가 "걷잡을 수 없을 정도로 비현실적인 아름다움을 가지고 있는 보기 드문 곳"이라고 말하기도 했다.

사카모토 료마는 1860년대 도쿠가와 쇼군을 무너뜨리고 메이지 유신을 일으킨 인물로 안타깝게도 자신이 주도한 유신의 끝을 지키지 못했다. 1867년 31세의 나이로 교토에서 살해당했다. 그리고 1년 후 메이지 시대가 시작되었다. 그의 노력 덕분에 오늘날 가고시마현과 야마구치현 사이에 평화가 찾아왔고, 두 지역은 지금까지 긴밀한 관계를 잘 유지해오고 있다. 근처 온천 공원에는 료마와 그의 부인의 동상이 세워져 있을 뿐만 아니라 그의 이름을 따서 공원명을 지었다.

홋카이도

일본 북부

히나노자 38
긴린소 35
구라무레 36
자보린 37
츠루노유 40
사료 소엔 39

오타루

긴린소

긴린소 銀鱗荘

주소: 〒047-0156 北海道小樽市桜1丁目1番地

전화번호: 0134-54-7010

웹사이트: www.ginrinsou.com

이메일: info@ginrinsou.com

객실 수: 14

객실 요금: ¥¥¥¥

이시카리만의 빼어난 경치와 더불어 독특한 디자인과 남다른 역사의 조합 덕분에 긴린소는 홋카이도에서 가장 특색 있는 료칸으로 손꼽힌다.

위 긴린소의 망루는 일반적인 건축 요소는 아니다. 아주 가파른 나무 계단을 따라 올라가야 하는데, 원래는 저택의 주인이 만에 있는 자신의 함대를 감시하기 위해 만들었다.

오른쪽 입구에 서면 또 다른 독특한 디자인이 눈에 들어온다. 젠 전통에 따라 만들어진 실내 건조식 조경 정원으로 갈퀴로 고른 모래와 신중하게 배치된 바위가 인상적이다.

항만 도시 오타루보다 높은 곳에 위치하고 있어 이시카리만이 내려다보이는 긴린소는 그 뿌리가 한참을 거슬러 올라간다. 지금은 상상하기 어렵지만(현대적인 시각으로 보자면) 한때는 오타루가 북쪽의 월스트리트라고 불리며 경제 도시로 활약하기도 했다. 홋카이도와 일본 전역, 나아가 미국과 영국, 그 외 아시아 국가들을 연결하는 무역 허브로서의 역할을 톡톡히 했는데, 특히 청어 어업이 번창했다.

1873년 지어진 긴린소는 오타루의 오래된 청어 조업 가문의 저택 중

한 곳이다. 청어잡이 대부호인 이노마타 야스노조 소유의 개인 저택이었는데, 그는 다른 이들과 마찬가지로 이시카리만의 청어로 엄청난 부를 축적했고, 대궐같이 으리으리한 집을 짓기 위해 홋카이도에서 내로라하는 장인들을 불러 모았다. 1930년대에 원래는 근방에 있는 요이치(유명 브랜드인 니카위스키의 최초 증류소가 있는 곳)에 세워졌는데, 그 후 1년에 걸쳐 언덕 꼭대기에 있는 지금의 자리로 옮겨왔다. 그 후 얼마 지나지 않아 료칸으로 바뀌었다.

아래 객실에서 내려다보이는 이시카리만의 풍경만큼이나 실내도 아름답다.

위 홋카이도의 가이세키는 일본 최고의 농산물과 해산물을 선보인다. 긴린소의 요리사는 게와 생선, 신선한 멜론, 옥수수, 감자 등 홋카이도의 유명한 제철 재료로 일품요리를 만들어낸다.

아래와 맨 아래 긴린소 곳곳에서 해마와 청어 등 바다에서 영감을 받은 모티프를 볼 수 있다. 모두 원래 어업 대부호였던 저택 주인의 입지를 잘 보여준다. '은색 비늘 저택'이라는 뜻의 긴린소라는 이름 역시 마찬가지다.

위 노천탕은 나중에 지어졌는데, 땅속 깊은 곳에 있는 천연 온천수를 끌어올리기 위해 시추 작업을 거쳐야 했다. 노천탕에서 바라보는 풍경은 말로 설명할 수 없을 정도로 멋지다. 특히 동이 틀 무렵이나 노을이 질 때 가장 아름다운 경치를 감상할 수 있다.

오른쪽 객실로 가는 길목에 있는 작은 라운지 공간에서는 정교한 전통 예술 작품을 볼 수 있다. 뿐만 아니라 전혀 다른 분위기의 박제한 홋카이도 야생 동물도 볼 수 있다.

대부호가 살던 집답게 이 '청어 저택(긴린소의 별명)'의 내부는 일본식 고급스러움이 무엇인지 제대로 보여준다. 뿐만 아니라 독특한 디자인 요소도 엿볼 수 있다. 가파른 계단을 따라 긴린소 지붕 위로 툭 튀어나온 망루에 오르면 이시카리만 전체를 한눈에 담을 수 있다. 요이치에 지어졌을 때 이 망루는 집주인이 그의 함대를 감시하는 목적으로 쓰였다. 로비에 들어서면 한쪽으로 높은 천장과 갈퀴로 곱게 고른 모래 정원이 보인다. 반대쪽에는 다다미 바닥과 난로, 그리고 긴린소의 오히로마 회의실을 그린 병풍이 자리 잡고 있다. 홋카이도에서 왜 긴린소를 '100대 중요 문화재' 중 하나로 지정했는지 저절로 고개가 끄덕여진다.

객실 또한 감탄을 자아낸다. 만이 내려다보이는 내부는 다다미 바닥, 좌식 테이블, 종이 미닫이문, 도코노마에 걸린 붓글씨와 이불 등 전형적

인 료칸의 요소들로 가득하다. 몇몇 객실에는 욕조가 있는데, 만약 없더라도 긴린소의 훌륭한 공중목욕탕을 이용하면 된다. 1980년대 중반에 지하 1,219미터 아래에 있는 천연 온천수를 끌어올리기 위한 시추 작업이 진행되었다. 덕분에 천연 바위와 대리석으로 장식한 노천탕이 생겼다. 이시카리만의 전경을 볼 수 있는데, 특히 노을이 지는 전망이 매우 아름답다.

홋카이도는 일본의 곡창 지대로 게, 새우, 가리비, 연어알, 성게 등 싱싱하고 맛 좋은 해산물을 비롯해 쇠고기와 여러 고구마 품종, 옥수수, 멜론에 이르는 다양한 농산물이 유명하다. 긴린소의 가이세키 요리는 객실에서 먹거나 실내와 연결되어 있는 긴린소 그릴 식당에 차려진다. 청어를 포함해 유명한 식재료가 모두 상에 오르는데, 취향에 따라 코스 요리 대신 프랑스 요리를 선택할 수 있다.

이 외에도 오타루 지역은 풍부한 먹거리를 자랑한다. 많은 사람이 찾는 오타루운하 주변으로 19세기 또는 20세기 초에 세워진 석조 건물들이 늘어서 있는데, 오타루의 전성기가 고스란히 느껴진다. 홋카이도 스타일의 독특한 아이스크림(라벤더맛과 성게맛 등)과 지역에서 양조한 다양한 종류의 독일식 맥주인 오타루비어를 즐길 수 있다. 기차를 타고 30분을 달려가면 홋카이도의 중심 도시 삿포로(296~297쪽)에 도착하는데, 북쪽 지방을 대표하는 음식인 양고기 바비큐와 미소 라멘, 그리고 매운 수프 커리를 맛볼 수 있다.

오타루에서 반나절이면 요이치에 있는 니카위스키의 최초 증류소를 둘러볼 수 있다. 다케츠루 마사타카와 그의 스코틀랜드인 부인이 세운 곳으로, 그는 스카치위스키를 배우기 위해 스코틀랜드에 갔다가 부인을 만났다. 이곳 요이치에서만 파는 위스키를 맛보고 구입할 수 있는데, 사실 가장 매력적인 것은 냄새다. 아직도 증류용 통이 작동하기 때문에 향긋한 냄새가 사방에 퍼진다.

오타루

구라무레

구라무레藏群

주소: 〒047-0154 北海道小樽市朝里川温泉2-685

전화번호: 0134-51-5151

웹사이트: www.kuramure.com

이메일: 온라인 양식

객실 수: 19

객실 요금: ¥¥¥¥

오타루의 조용한 한쪽에 자리 잡은 비교적 신식 료칸으로, 구라무레는 매끈한 디자인에 오래된 접대 문화를 더해 전통 료칸을 현대적으로 재해석했다.

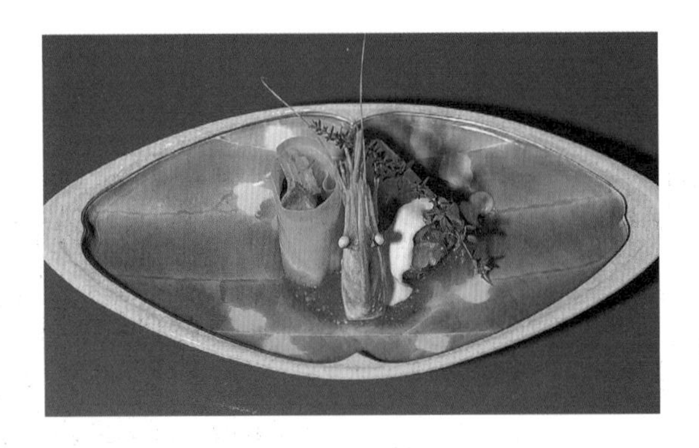

왼쪽 홋카이도는 일본에서 가장 신선한 해산물을 즐길 수 있는 곳으로, 오타루의 료칸에서는 훌륭한 해산물 요리를 맛볼 수 있다.

아래 객실마다 디자인이 다르기 때문에 마치 부티크 호텔 같은 인상을 받는다.

2002년 처음 문을 연 구라무레는 홋카이도 료칸 역사에 새로운 획을 그었다. 간소한 전통적인 디자인에 고급스럽고 세련된 분위기를 더한 이곳은 15년 만에 일본 북부에서 가장 특색 있는 료칸 중 하나로 자리 잡았다.

부티크 호텔처럼 19개의 객실이 저마다 다른 디자인과 분위기를 가지고 있다. 하지만 깔끔하게 정돈된 객실 전용 온천탕, 절제된 목재와 다다미 바닥, 전통 벽지와 미장의 조합, 충분한 거리를 두고 배치된 일본풍 및 중국풍 가구 등의 공통적 요소도 눈에 띈다. 구라무레에서는 현대적인 분위기 속에서도 옛 정취를 느낄 수 있는데, 바로 이 점이 이곳만의 매력이다.

구라무레를 둘러보면 이곳이 평범한 료칸이 아니라는 신호를 곳곳에서 찾을 수 있다. 복도에는 지역 예술가 아베 테네이의 세리그래프가 걸려 있다. 벽 아래쪽에 난 창문을 통해 자연광이 실내를 비춘다. 바깥에 있는 정원의 모습도 살짝 보인다. 료칸 객실 이름은 대개 자연에서 영감을 받는데, 구라무레의 객실은 각각 오타루와 관련 있는 작가, 시인, 예술가의 이름을 따라 붙여졌다. 도서관에 있는 소파와 안락의자에 앉아 책을 읽거나 빈티지 레코드판을 틀어 음악 감상을 할 수 있다. 또한 세련된 분위기의 다실 후류안은 새하얀 벽과 하얀색과 모래색 다다미 바닥이 어우러지는 매우 감각적인 공간이다. 투숙객이 방해받지 않고 차를 마실 수 있도록 예약제로 운영된다.

구라무레의 가이세키는 일급 요리사가 홋카이도 전역에서 공수해온 재료에 현대적이고 세계적인 감각을 더해 14개의 요리로 구성된 코스 요리를 선보인다. 계절에 따라 메뉴 구성이 달라지는데, 참치뱃살회 또는 파슬리 소스와 함께 먹는 붕장어 토마토 젤리, 푸아그라를 곁들인 와규, 근

철사 구조물 안에 돌을 쌓아 만든 벽은 구라무레를 한층 더 돋보이게 하는 디자인 요소다. 물론 절제된 인테리어를 장식하는 도자기, 골동품 등 다른 소품 역시 독특한 분위기를 자아낸다.

방에서 갓 잡은 성게 등이 포함된다. 조찬으로는 홋카이도 쌀로 지은 밥과 채소절임, 생선구이, 과일 등이 나온다. 객실에 음식 냄새가 배지 않도록 석찬과 조찬 모두 개별 식사 공간에서 이루어진다. 일반적인 테이블 또는 가운데가 움푹 들어간 호리고타츠 좌석 중에서 선택할 수 있다.

구라무레의 전통적 요소로 실내와 야외에 자리 잡은 공중목욕탕을 들 수 있다. 귀로는 아사리강의 물소리를 들을 수 있고 눈으로는 구라무레의 정원을 즐길 수 있다. 홋카이도에 긴 겨울이 찾아오면 정원은 온통 하얀색으로 물들지만 봄, 여름, 가을에는 온갖 색으로 가득하다.

투숙객은 료칸을 벗어나 오타루를 둘러보거나 32킬로미터밖에 떨어져 있지 않은 홋카이도의 중심 도시 삿포로를 구경할 수 있다. 삿포로까지 가는 기차가 자주 운행되므로 수월하게 다녀올 수 있다. 삿포로 중심에 있는 오도리코엔은 녹음이 우거진 공원으로, 여름에는 유명한 재즈 축제가 열린다. 2월에는 200만 명의 관광객이 찾는 삿포로 눈 축제가 열리는데, 눈과 얼음으로 만든 거대한 조각상이 눈길을 사로잡는다. 이 외에도 유적지와 150년 전 홋카이도에 처음 일본 거주지가 형성되면서 세워진 서양식 건물이 있으며, 아름다운 식물원에는 홋카이도 아이누 원주민 문화를 배울 수 있는 박물관이 자리 잡고 있다. 물론 먹거리 또한 다양하다. 삿포로(오타루도 마찬가지)는 일본에서 가장 신선한 해산물로 유명한데, 미소 라멘과 수프 커리(멀리거토니와 비슷하다) 또한 이곳에서만 맛볼 수 있는 음식이다. 칭기즈칸의 이름을 딴 양고기 바비큐 또한 맛이 일품이다. 구라무레의 한적하고 고요한 분위기에서 벗어나 주변을 둘러보는 것도 좋은 추억이 될 것이다.

오타루운하를 따라 늘어선 자갈길과 오래된 창고를 보며 활기 넘치는 상업 지구이자 무역 허브였던 과거의 모습을 떠올려볼 수 있다. 오늘날 공예품 상점과 레스토랑, 바가 들어선 오래된 창고는 놓쳐서는 안 될 볼거리다. 운하에 비친 창고의 모습이 감탄을 자아낸다.

니세코

자보린

자보린坐忘林

주소: 〒044-0084 北海道虻田郡倶知安町花園76-4
전화번호: 0136-23-0003
웹사이트: http://zaborin.com
이메일: info@zaborin.com
객실 수: 15
객실 요금: ¥¥¥¥

지은 지 얼마 안 된 자보린은 현대식 료칸의 대표주자다. 전통 음식과 디자인, 접객에 느긋하고 멋스러운 분위기와 자연의 미를 더한 공간이 인상적이다.

자보린의 콘셉트는 자연에 대한 고마움과 투숙객이 자연과 교감하길 바라는 마음이다. 복도를 비추는 자연광 혹은 창문에 비치는 숲의 모습 등 눈길 닿는 곳마다 자연을 느낄 수 있다. 찬찬히 주변 환경을 살피는 것만으로도 마법 같은 순간을 경험하게 될 것이다. 긴장을 풀지 않을 수 없는 공간이다.

자보린에는 공중목욕탕이 없다. 객실동마다 실내 및 야외 욕조가 있기 때문이다. 향이 나는 목재 또는 돌로 만든 욕조에서 방해받지 않고 천연 온천욕을 즐길 수 있다.

종종 료칸의 정수를 표현하기 위해 이름에 한자를 쓰기도 한다. 자보린 역시 마찬가지다. 니세코 하나조노 지역의 조용한 사유림에 위치한 이곳의 이름은 자보(앉다, 잊어버리다)와 린(나무)을 합친 것이다. 일본의 전통과 현대적이고 편안한 분위기가 만나 바깥 세계는 잊어버리고 명상을 통해 자신과 또 자연과 교감할 수 있는 공간을 완성한다.

2015년 문을 연 자보린은 이 책에 소개된 료칸 중 가장 역사가 짧다. 하지만 단점이라고 보기는 이르다. 아예 처음부터 새로 지었기 때문에 전통 료칸의 가장 뛰어난 부분과 현대식 호텔의 장점을 결합할 수 있었다.

층이 낮은 자보린은 주변을 둘러싼 자작나무 숲과
완벽한 조화를 이룬다.

15개의 객실동은 모두 널찍한 공간에 동서양의 매력이 담겨있다. 소파와 평면 TV, 주변 풍경을 찍은 흑백 사진, 객실동에 따라 다르게 조합된 목재와 다다미 바닥(서양식 침대와 이불도 마찬가지), 홋카이도의 목가적인 풍경이 보이는 커다란 창문 등 현대적인 요소들이 돋보인다.

각 객실동에는 투숙객만 사용할 수 있는 전용 실내 및 야외 온천탕이 마련되어 있다. 1킬로미터 정도 떨어진 땅속에서 솟아오르는 미네랄이 풍부한 온천수는 온도가 딱 알맞다. 오랫동안 몸을 담근 채 긴장을 풀고 휴

위 노천탕에서 숲을 내다볼 수 있다. 욕조에 몸을 담그고 있으면 간간이 야생 동물의 소리가 들린다. 가끔 직접 눈앞에 나타날 때도 있다.

아래 객실동에는 이불 대신 침대가 놓여있다. 하지만 전체적인 분위기가 유지되도록 넓고 군더더기 없이 깔끔한 공간에 어울리는 침대를 사용했다. 모던하면서도 일본 전통과 잘 맞닿아 있다.

위 요리사 세노 요시히로가 예술 작품에 견줄 만한 요리를 완성한다. 사진에 보이는 요리는 지역의 제철 유기농 채소로 만든 것으로, 보름달이 뜬 요테이산의 절반을 접시에 재현했다.

아래 요리사는 홋카이도의 뛰어난 채소뿐만 아니라 싱싱한 해산물과 고기로 요리한 음식을 선보인다.

검게 그을린 난로와 숲이 보이는 라운지와 서재는 커피 등 카페인이 든 음료를 마시며 휴식을 취할 수 있는 아름다운 공간이다.

식을 취할 수 있을 만큼 따뜻하다. 특히 하나조노 숲의 고요한 풍경이 보이는 노천탕에서는 통증을 완화하는 온천수의 효능과 자연을 함께 즐길 수 있다.

도쿄와 뉴욕의 고급 일식 레스토랑에서 일한 경력이 있는 세노 요시히로의 지휘 아래 자보린은 홋카이도의 소박하면서도 자연스러운 분위기를 담은 가이세키를 선보인다. 개별적인 식사 공간에 차리는 자보린의 가이세키는 도자기 그릇과 나무 접시가 뒤섞여 멋스러운 시골 느낌이 물씬 풍긴다. 많은 사람이 최고라고 손꼽는 홋카이도 음식이 상에 오른다. 계절과 상황에 따라 메뉴가 달라지는데, 주로 홋카이도의 가리비 또는 게 등 신선한 회와 산나물, 홋카이도산 와규, 그리고 세노 셰프의 예술적인 요리가 나온다.

석찬 후 또는 언제라도 자보린에서는 진정한 휴식을 만끽할 수 있다. 여러 디자인 서적으로 가득한 도서관과 장작불이 타는 소리와 냄새로 가득한 라운지 공간이 마련되어 있다. 어두운 조명의 바에서 술을 한잔하거나 차노자 알코브에서 녹차와 전통 과자를 즐기는 것도 추천한다. 마사지실에서는 시아추, 오일, 스포츠 마사지 등을 받을 수 있는데, 특히 하루 종일 스키를 타느라 고생한 몸을 풀어주는 데 효과적이다.

객실에는 각기 다른 눈 결정체의 이름이 붙어 있는데, 이를 통해 주변 환경을 짐작할 수 있다. 니세코는 일본에서 손꼽히는 겨울 스포츠의 고장이다. 질 좋은 가루눈이 내리기 때문에 해발 1,308미터의 니세코안누푸리산에는 서로 연결된 여러 개의 스키 리조트가 있다. 11월 말부터 5월 초까지 실력과 연령대가 다양한 사람들이 스키와 스노보드를 타기 위해 이곳을 찾는다. 또한 니세코의 또 다른 주요 산인 요테이산의 풍경을 감상할 수 있는데, 해발 1,898미터로 정상이 거의 대칭을 이루고 있다. 스키 비수기 때는 자연의 아름다움을 만끽하려는 사람들로 북적거린다. 꽃이 만발한 들판과 투박한 산꼭대기, 끝없이 펼쳐지는 농지, 온천 그리고 비겨울 스포츠를 즐길 수 있다. 1년 내내 이곳은 앉아서 잊어버리기에 완벽한 장소다.

자보린의 공용 공간에서는 신중하게 배치된 예술 작품을 볼 수 있다. 사진에 보이는 조각상부터 죽은 나무를 예술적으로 활용한 작품 등이 눈길을 사로잡는다.

아칸호수

히나노자

히나노자鄙の座

주소: 〒085-0467 北海道釧路市阿寒町阿寒湖温泉2-8-1

전화번호: 0154-67-5500

웹사이트: www.hinanoza.com

이메일: 온라인 양식

객실 수: 25

객실 요금: ¥¥¥¥

빼어난 절경 속에 자리 잡은 히나노자는 보기에도 아름답다. 홋카이도에서 가장 경치가 좋은 곳에서 평온함을 만끽할 수 있다.

6,000여 년 전 화산이 폭발하면서 만들어진 아칸호수는 홋카이도 동쪽에 자리 잡고 있다. 일본에서 가장 경치가 아름답고 다양한 매력을 가진 칼데라 호수 중 하나다. 투명한 물과 빽빽한 나무는 여러 야생 동식물의 보금자리다. 특히 공 모양의 녹조식물인 마리모와 블라키스톤물고기잡이부엉이 등 희귀한 동식물들이 살고 있다. 료칸에서 호사를 누리고 싶은 자연 애호가에게 히나노자는 더없이 완벽한 곳이다.

히나노자의 객실은 모두 스위트 타입으로 총 25개가 있으며, 다섯 종류로 나뉜다. 2개의 객실은 인테리어가 똑같다. 아마노자 스위트는 다다

웅장한 아칸호수 가장자리에 있는 히나노자는 계절에 따라 다양한 풍경을 자랑한다. 가을에는 울긋불긋한 단풍이 물들고 겨울에는 눈이 내려 온통 새하얗다. 그리고 여름에는 울창한 녹색 숲과 파란색의 하늘이 아름답다.

미 방과 소파가 있는 거실, 별도의 침실, 일본 삼나무로 만든 전용 노천탕이 있으며 창문 너머로 아칸호수가 보인다. 우미노자 스위트는 거실에서부터 호수가 보이는 전용 욕조까지 이어지는 나무 테라스가 인상적이다. 카제노자 스위트에서도 호수가 잘 보이는데, 다다미, 종이를 덧댄 미닫이문, 이로리 등이 있어 훨씬 전통적인 분위기가 난다. 2층에 있는 카스미노자 스위트의 인테리어 역시 전통적인데, 전용 테라스가 특징이다. 모리노자 스위트는 다른 스위트와 달리 한 폭의 그림 같은 산의 풍경을 감상할 수 있다.

호수의 전경이 보이는 목욕탕 중 한 곳.

객실마다 전용 욕조가 있지만, 공중목욕탕이 없다면 진정한 료칸이라고 할 수 없다. 히나노자에는 2개의 공중목욕탕이 있다. 7층에 있는 킨노유미에서는 커다란 돌 욕조에서 커다란 반개방형 창문을 통해 아칸호수와 주변 산세를 즐길 수 있다. 6층의 긴노신주쿠는 뜨거운 김과 온천수가 강에서 불어오는 선선한 바람과 만나 쾌적하다.

석찬 역시 빼놓을 수 없다. 히나노자는 전형적인 가이세키를 선보인다. 도카치 와규 스테이크, 홋카이도 새우와 성게 등 신선한 회, 하얀 아스파

지역 특색을 살린 석찬. 가을과 겨울에는 추위를 이겨 내기 위해 뜨거운 탕 요리가 가이세키에 포함된다.

라거스 두부 젤리 등 지역의 제철 재료로 요리한 음식을 맛볼 수 있다. 홋카이도산 사케 또는 전 세계에서 수입한 와인과 함께 제공되며 객실 또는 별도로 마련된 식사 공간에서 석찬을 먹는다. 식사 공간의 경우 다다미 바닥이 깔려있다. 바닥에 바로 앉거나 가운데가 움푹 파인 호리고타츠 좌석 또는 일반적인 테이블과 의자 중에서 선택할 수 있다.

식사 공간과 마찬가지로 히나노자의 공용 공간은 주변 환경을 잘 반영하듯 현대와 전통이 적절히 섞여 있다. 가장 눈길을 사로잡는 곳은 로비다. 조각 장인 후지토 타케키의 커다란 블라키스톤물고기잡이부엉이 목재 조각상이 인상적이다. 일본 북부의 원주민인 아이누족은 이 부엉이를 수호 동물로 여겼다. 숲 내음을 맡을 수 있는 공간도 있고 부드러운 흙을 느낄 수 있는 공간도 있다. 그런가 하면 어두운 나무 기둥과 패널이 주는 오래된 느낌과 모던한 감각의 가구가 한데 어우러진 곳도 있다. 바와 라운지에는 높이가 10미터인 나무를 잘라 만든 카운터가 있는데, 저녁식사 후 몸을 기댄 채 칵테일을 즐기거나 목욕 후 맥주를 마시기에 안성맞춤이다.

오른쪽 지역 장인이 만든 목공예품과 가구를 료칸 곳곳에서 볼 수 있다.

위 홋카이도 원주민인 아이누족의 전통 문화는 일본인이 홋카이도로 이주하기 훨씬 이전으로 거슬러 올라간다. 히나노자에서 펼쳐지는 아이누 춤 공연을 통해 이들의 고유한 문화를 접할 수 있다.

아키우온천, 센다이

사료 소엔

사료 소엔茶寮宗園

주소: 〒982-0241 宮城県仙台市太白区秋保町湯元字釜土東1

전화번호: 022-398-2311

웹사이트: www.saryou-souen.com

이메일: souen@mitoya-group.co.jp

객실 수: 26

객실 요금: ¥¥¥¥

웅장한 정원과 다실풍의 디자인이 인상적인 사료 소엔은 도쿄에서 센다이까지 쾌속 열차표가 아깝지 않을 정도로 멋지다. 오랜 역사를 자랑하는 곳은 아니지만, 최고급 료칸 전통의 진수를 느낄 수 있다.

아래 사료 소엔에 있는 4개의 공중목욕탕 중 한 곳. 건조식 조경 정원을 내다볼 수 있다.

오른쪽 사료 소엔의 아름다운 정원 앞에 편안한 의자를 놓고 휴식을 취하면서 주변 경치에 흠뻑 빠져들 수 있다.

일본 요리는 계절의 영향을 많이 받는다. 재료뿐만 아니라 음식을 차리는 방법도 마찬가지인데, 가을에는 낙엽을 놓거나 계절적 모티프가 들어간 그릇을 활용한다.

산책하기에 좋은 크기의 정원이 있는 료칸이 있는 반면 녹색 조경이 보이는 객실을 뽐내는 료칸도 있다. 하지만 사료 소엔은 전혀 다른 매력을 갖고 있다. 2만 6,000제곱미터의 부지에 있는 전통 일본식 정원이 그야말로 웅장하다. 연못과 바위가 마치 예술 작품 같은 정원은 여름에는 선명한 녹색으로 반짝이고 가을에는 울긋불긋한 단풍으로 물들며 겨울에는 온통 새하얗고 봄에는 분홍색 벚꽃으로 가득하다.

1991년에 지어졌지만 료칸과 찻집의 전통은 그대로 살아있다. 사료 소엔은 '정원 찻집'이라는 뜻인데, 단연 정원이 가장 눈에 띄는 공간이다. 개별적인 객실동은 총 10개로, 각각 전용 노천탕과 커다란 창문이 있어 자연과 교감하는 듯한 기분이 든다. 나머지 객실 16개는 2층짜리 본관에 있다. 역시 숲에 둘러싸여 있으며 1층에 있는 객실에는 정원과 연결된 테라스가 있다. 2층 객실에서는 정원의 모습을 한눈에 담을 수 있다.

하지만 정원이 전부가 아니다. 객실을 통일하는 또 다른 요소는 바로 디자인이다. 전통과 자연을 고려한 현대적 감각이 잘 어우러진 인테리어

객실동 중 한 곳. 전통적인 디자인이지만 절제된 분위기와 자연스러운 색이 세련되고 현대적인 분위기를 연출한다.

가 인상적인데, 다다미 바닥과 나무 바닥, 고리버들과 나무로 만든 가구, 그리고 객실에 따라 이불 또는 서양식 침대가 마련되어 있다.

한 가지 부분에 있어서는 전통을 고집하는데, 바로 요리다. 매달 달라지는 가이세키는 도자기와 칠기 그릇에 담겨 손님상에 오른다. 가을에는 단풍잎처럼 계절에 어울리는 장식을 하기도 한다. 여러 코스로 구성된 석찬에는 반을 가른 가지에 새우와 버섯을 넣고 구운 요리, 아이나메(흰살 생선의 일종)와 두부를 다져 가벼운 육수에 넣고 끓인 탕, 신선한 유자 안에 넣은 연어알 등 창의적인 요리 등이 포함된다.

온천욕 또한 전통 그 자체다. 센다이는 도호쿠 지역에서 가장 큰 도시다. 센다이 중심부에서 서쪽으로 14킬로미터 정도 떨어진 아키우온천 지역에 위치한 사료 소엔은 미네랄이 풍부한 천연 온천수를 사용한다. 객실에 있는 전용 온천탕과 더불어 4개의 공중목욕탕이 갖추어져 있는데, 실내 온천탕과 노천탕이 각각 여성용과 남성용으로 나뉘어져 있다. 또한 다양한 스파와 마사지도 제공한다.

가까운 위치 덕분에 센다이와 주변 지역을 쉽게 구경할 수 있다. 특히 차가 있으면 더욱 편리하다. 센다이는 꽤 현대적인 도시지만, 1600년부터 1636년까지 센다이 지역을 지배한 '독안룡'이자 전설적인 영주 다테 마사무네의 묘인 즈이호덴처럼 역사적인 유적지도 있다. 그 외에 매년 7월 알록달록한 색 테이프를 매다는 전국 축제 다나바타(직녀성과 견우성인 오리히메와 히코보시의 만남을 기념하는 축제)를 즐길 수 있다. 대규모의 불꽃 축제도 함께 열린다. 한편 북쪽에는 마츠시마라는 마을이 있는데, 만이 무척 아름답다. 일본에서 세 번째로 가장 아름다운 경치로 손꼽히는 이곳(히로시마현의 미야지마와 '수중 신사'와 교토현 북부 아마노하시다테의 소나무로 뒤덮인 모래톱과 함께)은 소나무가 심어진 자그마한 회색 바위섬으로 뒤덮여 있어 보트를 탄 관광객이 많이 찾는다.

뉴토온천, 아키타

츠루노유

츠루노유鶴の湯

주소: 〒014-1204 秋田県仙北市田沢湖田沢字先達沢国有林50

전화번호: 0187-46-2139

웹사이트: www.tsurunoyu.com

이메일: 정보 없음

객실 수: 34

객실 요금: ¥

아키타현 시골 마을에 자리 잡은 츠루노유는 시골의 매력을 잘 보여주는 료칸이다. 자연과 완벽한 조화를 이루고 있으며 시골 전통을 외관뿐만 아니라 운영 방식에도 적용한다.

츠루노유 입구는 신사의 입구와 비슷한데, 료칸에서는 이러한 입구를 흔히 볼 수 없다. 신성한 곳으로 들어가는 것은 아니지만, 마치 과거로 한발 내딛는 듯한 기분이 든다.

도호쿠 지역의 북쪽 끝 아키타현에 뉴토온천이 있다. 그리고 이 시골 깊숙한 곳에 츠루노유가 숨어 있다. 해발 1,500미터에 가까운 뉴토산 자락에 있는 이곳은 이 책에서 소개한 료칸 중 도시와 가장 멀리 떨어져 있다. 가을에는 울긋불긋한 색으로 물들고 북부 지방의 긴 겨울 동안은 온통 하얀색으로 뒤덮이며 날씨가 다시 따뜻해지면 가지마다 푸른 잎을 피어내는 빽빽한 나무숲이 병풍처럼 둘러싸고 있다.

에도 시대 초 기록을 보면 아키타의 영주들이 치료 목적으로 츠루노유를 찾았다고 적혀있다. 그리고 오래 지나지 않아 다른 이들도 진정 효과

위 먼발치에서 바라본 츠루노유는 마치 오래된 농장 같은 모습이다.

아래 매우 시골스러운 방부터 일반적인 방까지 다양한 종류의 객실이 있다. 하지만 종류와 비용에 상관없이 대부분의 방에서 료칸을 빙 둘러싼 빽빽한 숲을 내다볼 수 있다.

오래된 객실에도 독특한 매력이 서려 있다. 그림을 그린 미닫이문을 비롯해 방 안에 있는 이로리를 즐길 수 있다. 천장에서 길게 늘어진 고리에 커다란 냄비나 무거운 철제 주전자 등을 매단 다음 그 밑에 불을 지핀다.

예약한 방과 패키지에 따라 이로리에서 음식을 구워 바로 먹을 수 있다. 다른 료칸에서는 이런 경험을 하기 어렵다.

가 뛰어난 북쪽의 온천수를 찾기 시작했다. 1600년대부터 츠루노유의 온천탕이 공중목욕탕으로 쓰였다는 기록이 있는데, 사람들이 여러 통증을 완화하기 위해 몰려들었다고 알려져 있다. 동물들도 이 온천을 이용했다고 하는데, 츠루노유라는 이름의 유래에도 동물이 등장한다. 아주 오래전 상처를 입은 두루미(츠루)가 뜨거운 물(유)에 몸을 담그고 있는 모습을 마을 사냥꾼이 발견했다는 이야기가 전해져 내려온다.

오늘날 츠루노유에는 4개의 온천탕이 있는데, 3개는 남성용과 여성용으로 나뉘어져 있고 투숙객만 사용할 수 있다. 그러나 희뿌연 물의 커다란 노천탕은 모두에게 열려 있다. 노천탕은 혼탕으로 운영되며, 수건으로 몸을 가릴 수는 있지만(보기 드물다) 수줍음이 많은 사람에게는 추천하지 않는다.

츠루노유의 객실은 종류가 다양하다. 비교적 모던한 느낌의 건물에 있는 단순한 다다미 방부터 시골 분위기를 제대로 즐길 수 있는 농가 스타일의 객실까지 취향에 따라 선택할 수 있다. 모든 객실의 가격은 일인당 식사 포함 1만 엔으로 놀랍도록 저렴하다. 별관 야마노야도가 전형적인 료칸의 모습과 가장 가깝다. 몇몇 객실의 경우 다다미 바닥이 깔린 방과 미닫이문 등 료칸의 전통적인 요소들과 투박한 나무 기둥 및 이로리가 갖춰져 있다. 하지만 가장 눈여겨볼 건물은 가장 오래된 본관이다. 초가지붕과 세월의 흔적이 느껴지는 어두운 목재, 난방과 요리의 목적으로 사용하는 이로리 등이 자연과 함께 호흡하며 시골 풍경을 체험할 수 있는 완벽한 환경을 제공한다. 츠루노유에서 나오는 요리 역시 시골의 매력을 가득 담고 있다. 지역의 산나물로 만든 요리와 산에서 캔 참마를 끓인 탕 요리, 그리고 막대에 송어를 꽂아 이로리에 올려놓고 구워서 먹는 요리 등을 즐길 수 있다.

온천 외에도 주변에 다양한 볼거리가 많다. 물론 차가 있으면 더욱 수

혼탕(완전히 탈의한 채 들어가는)은 이제 찾아보기 힘든 편인데, 외곽에 위치한 료칸에서는 종종 볼 수 있다. 츠루노유에는 남성용과 여성용 온천탕도 있지만, 희뿌연 물의 노천탕은 여전히 혼탕으로 운영되고 있다.

한적한 시골에 위치한 츠루노유는 산을 따라 흐르는 물줄기를 벗 삼아 숲속을 산책하며 아름다운 자연을 즐기기에 안성맞춤인 곳으로, 이곳에서 보내는 시간은 그야말로 선물 같은 경험이 될 것이다.

월하게 움직일 수 있다. 남서쪽으로 10킬로미터 정도 가면 탁월한 경치를 자랑하는 다자와호수가 나온다. 완벽에 가까운 동그란 모양의 칼데라 호수로 물감을 푼 듯 파란 물이 인상적이다. 호수를 지나 또 10킬로미터를 가면 가쿠노다테가 모습을 드러낸다. 도호쿠의 '작은 교토'라고 불리는 마을로, 오래된 사무라이 저택(부케야시키라고 부른다)을 볼 수 있다. 츠루노유처럼 에도 시대 초에 지어진 건물들로 마치 과거로 돌아간 듯한 기분이 든다. 또한 근처에서 스키나 스노보드를 즐길 수 있다. 호수를 내려다보고 있는 다자와코스키리조트가 가장 유명한데, 초보자와 숙련자를 위한 여러 코스가 있다. 열심히 땀을 흘리고 난 후에는 눈이 내리는 츠루노유의 노천탕에 몸을 담그고 잔뜩 긴장한 근육을 풀어주면 한결 기분이 좋아진다.

료칸 여행을 위한 팁

가장 방문하기 좋은 시기

일본은 1년 내내 여행하기 좋은 나라다. 하지만 좀 더 아름답거나 여행하기 수월한 계절이 있다. 골든위크(4월 29일~5월 5일), 여름 휴가철(7월 중순~9월 초), 연말 연휴(대략 12월 26일~1월 4일)에는 가격이 치솟을 수 있으므로 주의하는 것이 좋다. 이 기간에 좋은 료칸에 가려면 몇 달 전에 예약해야 한다. 더위를 싫어한다면 7월부터 9월 사이는 피해야 한다. 홋카이도와 산이 많은 지역은 도쿄와 교토보다 더위와 습도가 덜한 편이다. 자연 경치를 보고자 한다면 3월 말부터 4월 중순이 가장 좋다. 봄이 되면 남쪽에서 북쪽으로 번져 나가는 벚꽃을 볼 수 있기 때문이다. 5월부터는

싹이 나기 시작하며 푸르른 숲을 감상할 수 있다. 울긋불긋한 단풍이 장관을 이루는 10월과 11월에는 봄처럼 청명한 하늘과 따뜻한 날씨를 즐길 수 있다.

료칸 예약

이 책에서 소개한 료칸은 모두 웹사이트나 이메일을 통해 직접 예약할 수 있다. 그러나 미리 예약이 꽉 차는 경우가 많다. 여름 휴가철이나 골든위크, 연말 연휴처럼 성수기에는 더더욱 그렇다. 이 책에 나와 있지 않은 다른 료칸을 알아보려면 재패니칸이나 라쿠텐 트래블처럼 한국어가 제공되는 일본 예약 사이트나 일본 료칸 및 호텔 협회(www.ryokan.or.jp)를 추천한다.

체크인과 체크아웃

다른 호텔과 똑같다. 체크인 시간(대개 오후 3시)보다 일찍 도착하더라도 방이 준비될 때까지 료칸에 짐을 맡길 수 있다. 그렇지만 분주한 체크아웃 시간에는 짐을 맡기지 않는 것이 예의다. 체크아웃 시간은 주로 오전 10시다. 숙박비는 체크아웃을 할 때 지불한다. 신용카드로도 결제가 가능하다. 거의 모든 료칸에서 비자카드와 마스터카드, JCB카드를 사용할 수 있다. 그러나 아메리칸익스프레스카드는 받지 않는 료칸이 있으니 잘 확인해야 한다.

전기

도쿄를 포함한 일본 동부에서는 100볼트의 전압과 50헤르츠의 교류를 사용한다. 반면 교토, 나고야, 오사카를 포함한 일본 서부에서는 100볼트의 전압과 60헤르츠의 교류를 사용한다. 또한 납작한 핀이 2개 있는 플러그를 콘센트에 꽂아야 전기가 흐르므로, 어댑터를 챙겨야 할 수도 있다.

식사

대부분 패키지에 조찬과 석찬이 포함되어 있는데, 요즘 들어 석찬과 숙박만 제공하거나 조찬과 숙박만 제공하는 등 투숙객에게 다양한 옵션을 주는 료칸들(특히 가격이 저렴하거나 중간 정도인 료칸들)이 점점 더 많아지는 추세다. 식사 시간은 체크인할 때 또는 직후에 확인할 수 있다. 메뉴에 있어서는 선택할 수 있는 부분이 거의 없다(27쪽에 나와 있는 료칸 에티켓을 참고할 것). 료칸에서는 당일 메뉴에 맞춰 필요한 재료를 준비하기 때문에 별도의 식단이 필요하다면 도착 전에 료칸 측에 알려야 한다.

돈

일본의 화폐단위는 엔이다. 통상적으로 ¥으로 표시하는데, 료칸과 같은 전통적인 곳에서는 일본 한자인 円을 사용하기도 한다. '엔'이라고 발음한다. 지폐는 ¥1,000, ¥2,000(잘 쓰이지 않는다), ¥5,000, ¥10,000을 사용하고, 동전은 ¥1, ¥5, ¥10, ¥50, ¥100, ¥500을 사용한다. 일본은 현금을 주로 사용한다고 알려져 있지만, JCB와 비자, 마스터카드 등의 신용카드로도 료칸 숙박비를 지불할 수 있다. 도시에 있는 레스토랑, 술집, 택시, 상점 역시 대부분 신용카드를 받는다. 하지만 도시를 벗어나 시골로 향한다면 현금을 미리 준비하는 것이 좋다. 확실하게 하기 위해 신용카드를 쓸 수 있는지 미리 확인해야 한다. 사무실 등 건물에 있는 ATM에서도 아멕스, 마에스트로, 마스터카드, 플러스, 비자 등 해외 은행에서 발행된 신용카드를 사용할 수 있다. 해외 신용카드를 쓸 수 있는 편의점 ATM 역시 점점 더 늘어나고 있다(특히 세븐일레븐의 세븐뱅크가 그렇다).

휴대폰과 인터넷

로밍 기능이 있는 휴대폰은 일본에서도 쓸 수 있다. 단, 짧은 기간에 많은 비용이 청구될 수 있으니 조심해야 한다. 심프리 휴대폰의 경우 공항에 도착한 후 선불 심카드를 구입하면 훨씬 더 경제적으로 휴대폰을 사용할 수 있다. 공항에 있는 모발, B-모바일, 재팬 트래블 SIM, U-모바일, 닌자 SIM과 같은 업체에서 단기용 심카드를 저렴한 가격에 판매한다. 또는 휴대용 와이파이 공유기를 빌리면 어디서나 인터넷을 이용할 수 있다(특히 일본은 광대역 공공 인터넷이 부족하고 대부분의 료칸에서 와이파이를 제공하지 않는다). 이 역시 공항에 도착한 후 대여 업체에서 빌리면 된다. 소프트뱅크와 도코모 등 대형 통신회사뿐만 아니라 재팬 와이어리스나 렌탈 와이파이처럼 작은 업체(대개 가격이 더 저렴하다)에서도 공유기를 대여할 수 있다. 가격은 천차만별인데, 주로 5일용 무제한 데이터 이용권은 3,000~5,000엔, 1달용은 10,000~12,000엔이다.

료칸까지 가는 방법

교토와 같은 도시에서는 료칸까지 쉽게 갈 수 있다. 택시기사에게 료칸 이름을 말해주면 별 문제 없이 목적지에 도착한다. 의사소통에 문제가 생길 수도 있으므로 택시기사가 내비게이션에 입력할 수 있도록 료칸의 전화번호를 미리 적어두는 것도 현명하다. 온천 리조트가 많은 마을이나 시골의 경우 료칸까지 가는 길이 좀 더 험난할 수 있다. 가까운 역에서부터 료칸까지 정해진 시간에 무료 셔틀 버스를 운행하는 곳도 있지만 그렇지 않은 곳도 있다. 택시를 타고 장거리를 이동해야 하는 경우도 생긴다. 이 책에서 소개한 료칸은 모두 웹사이트에 료칸까지 가는 방법이 자세히 나와 있으므로(관련 정보를 참고할 것) 그에 따라 동선을 계획하면 된다.

숙박비에 포함된 것들

숙박과 주된 식사가 패키지에 포함되는 경우가 많다. 식사와 함께 나오는 술이나 음료수는 별도로 청구될 수 있다(차는 무료로 제공된다). 마찬가지로 객실 냉장고에 있는 음료수 역시 료칸 측의 안내 없이 마시면 나중에 숙박비와 함께 청구된다(냉장고 주변에 음료수의 메뉴판이 있다). 보통 웰컴 드링크와 셀프 서비스로 마시는 차를 제외하고 라운지나 료칸에 있는 바에서 먹고 마시는 것 모두 별도로 청구된다. 객실에 있는 TV 채널 중에서 영화 채널의 경우 유료 결제가 필요한 경우도 있다(화면에 안내 메시지가 뜬다). 투숙객은 무료로 목욕탕을 이용할 수 있다(숙박하지 않는 일반 방문객에게는 제한된다). 그러나 몇몇 료칸에서는 비용을 내고 예약을 해야만 전용 목욕탕을 사용할 수 있다. 마사지와 스파 서비스 또한 비용이 추가된다. 개인적으로 료칸에 부탁해 게이샤를 초대하는 경우도 그에 따른 비용을 내야 한다. 료칸마다 다르지만, 대개 체크아웃을 할 때 모든 비용을 지불한다. 그렇기 때문에 료칸에서는 현금을 들고 다닐 필요가 없다(객실 번호를 대면 료칸 측에서 청구한다). 이 책에서 소개한 숙박비는 별도의 설명이 없을 경우 1인 1박 기준이며, ¥의 개수에 따라 가격대가 아래와 같이 형성되어 있다.

¥ 10만 원~
¥¥¥ 30만 원~
¥¥¥¥ 50만 원~
¥¥¥¥¥ 100만 원~